図解 誰でもできる石積み入門

真田純子 著

農文協

はじめに

棚田や段畑は、日本の中山間地域の代表的な風景です。日本の農地の約４割が中山間地域にあるそうで、斜面地に作られた農地の量も多いことがわかります。それらの農地を支えているのは石積みの擁壁です。石積みには、お城など、熟練した職人だけに許された難しい技術というイメージがあるかもしれません。しかしながら、中山間地域の棚田や段畑の多くが石積みでできていることからわかるように、かつては中山間地域の一般的な農業技術の一つとして石積み技術がありました。高度経済成長期にそれらの地域が過疎化していき、農家も兼業の人が増えてくると基盤整備にまで手が回らなくなり、石積みの技術はほとんど途絶えてしまいました。こうして石積みが身近ではなくなったために、難しいというイメージができあがってしまったのでしょう。

もし、この本を手に取った方が「自分でも田んぼや畑の石積みを直してみたい！」という人ならば、もうすでに実現はすぐそこです。自分でも石積みをやれるかもしれないと思うところがスタートで、そしてそれが一番大事な気持ちです。美しく積むには熟練の技術が必要ですが、壊れないように積むだけなら、基本をおさえればそれほど難しいことではありません。この本を読みながら、挑戦してみてください。

目次

4章 石を置く・積む

5章　石積みの考えかた

コラム

1

石積みの基本

石積みとは？

引き継ぎたい「空石積み」の技

中山間地域に多く見られる棚田や段畑。伝統的な作りかたには大きく分けて2種類あります。土坡《どは》と呼ばれる土の土手と、石で作る石積みです。農地の石積みによく見られるのは、コンクリートやモルタルを使わない「空石積み《からいしづみ》」と呼ばれるものです。

石を積む技術は昔は農業技術の一つで、地域ごとに継承されてきましたが、コンクリートの普及や兼業農家が増えて手が回らなくなったためか、最近は若い人にはあまり継承されていません。崩れたところからコンクリートに代わっていく、という状況が生まれています。

その土地の石で積む、崩した石を再利用する

空石積みの技術が継承されないという状況は、じつはヨーロッパでも起こっていました。しかし近年、若い人たちが高齢になった技術者から学び、風景や文化を受け継ぐ動きが出てきています。空石積みにはもともとその土地から出てくる石が使われていて、積み直す際にもその石を再利用できる点など、地域資源を循環させる持続可能な工法として環境的な観点からも見直されてきています。

石積みのある棚田や段畑の風景は、これからの地域活性化を考えるとき、重要な資源になるでしょう。農家レストランや農家民宿をしようという場合にも、そこから見える風景が美しいというのは重要な要素です。また近年は、農作物に社会的環境的な価値を求める人たちも増えています。たとえば棚田で作られたこと自体が付加価値になるということです。ヨーロッパで空石積みが見直されているのは、じつはこれも背景にあります。原産地呼称制度が浸透し、食と文化、土地を強く結びつけるような考えかたが広まり、いい風景の場所で作られたことが農作物の価値にも反映されるようになりつつあるのです。

徳島県吉野川市の高開《たかがい》集落の石積み

日本の中山間地域の活性化も、交流人口、関係人口を増やすだけでなく、本丸である農業の活性化が欠かせません。生産性向上に活路を見いだすのが難しい棚田や段畑では、石積みが環境に負荷をかけないことなど、伝統や文化、環境、風景などを農作物の付加価値にしていくことが重要でしょう。

石積みの農地を持っている人にとってもメリットがあります。空石積みを、同じように空石積みで直せれば、材料代はほとんどいりません。必要なのはマンパワーと少しの技術だけ。安く直せるというのも、じつは石積みの利点です。

意外に簡単⁉ 誰でもできる⁉

私は2007年に徳島で石積みの風景に出会い、2009年から石積みを習い始めました。空石積みの直しかたがわからなくて困っている人がたくさんいることを知り、2013年に一般の人が気軽に空石積みを学べる「石積み学校」を立ち上げました。興味があるからという理由で参加する人もたくさんいますが、自分の家の石積みを直したくてという切実な理由で習いにいらっしゃる方も半分くらいいます。

石積みってそんなに簡単に直せるものなの？　と思うかもしれません。私の師匠である石工さんによると、「一グリ、二石、三に積み」という言葉があるそうです。つまり一番大切なのはグリ（ぐり石）。これは表にある石ではなく、裏に詰める小さな石です。二番目が石の状態、三番目が積み手の技術、という意味です。技術は三番目なんですね。

かつて、棚田や段畑のある地域では農業の技術の一つとして多くの人が空石積みをしていましたが、今はすごく特別な技術のように認識されています。たしかに美しく積むには熟練の技術が必要ですが、いくつかのルールさえ守れば、崩れない石積みを作ることはそれほど難しいことではありません。

修復前。擁壁面が大きく凹んでいる

修復後

どこの石積みも基本は共通

また、石積みって地域ごとに違うのでは？　という疑問を抱く人もいるかもしれません。これも心配無用。基本的な構造の部分は共通しています。各地域で異なる石積みを見ることがあるのは、山から掘り出してきたゴツゴツした石を使うか、川から拾ってきた丸みを帯びた石を使うかという採取地の違い。もしくは石の軟らかさや割れかたの癖が違って、石の加工度に違いがあるためです。加工しようとすると粉々になってしまうような石が採れる土地では、ほとんど整形せずに使用するので石の隙間も多くなりがちです。

ちなみに、石の隙間は悪者ではありません。お城の石積みでは敵の侵入を防ぐため、足掛かりとなる隙間を埋めるのが普通ですが、石積みの強度の観点からは、隙間の大小を気にする必要はないのです。

毎回新しい発見がある

本書では、日本の農地でよく見られる野《の》面《づら》石の谷積みを題材に、基本的な積みかたとコツを説明したいと思います。野面石というのはあまり整形していない石のこと。谷積みは石を斜めに置いていく積みかたです。

うまくなるには練習あるのみ。私も10回目くらいまでは積むたびに新しい発見があり、回数を重ねることの重要さを実感しました。一人でコツコツ直すのもいいですが、修復途中に雨が降ると崩れやすくなります。石を外したら積み上げるまで一気に仕上げたほうがいいので、グループを作ったりして楽しく取り組んでみてください。

石積みの手順と実際

「石積み学校」に行ってみた

「石積み」とはどのような流れで進められるのか。徳島県吉野川市美郷地区でワークショップ形式で行われた、第18回石積み学校のようすから見てみよう。

今回の石積み学校の舞台となった美郷地区にある観光名所「高開（たかがい）の石積み」

参加者は、農家や土木を勉強中の学生、地域おこし協力隊、造園会社の職人など20人。今回積み直すところは農道に面した幅約15m、最大高さ約2m。道幅を拡張するため、現在の石積みを崩してやや内側に積み直す

石積みに必要なのは、
根気・忍耐・努力！
楽しく作業しましょう！

高開文雄さん（85歳）。名所「高開の石積み」を守り続けて60年。著者の師匠で石積み学校の技術監修も務める

元の石積みを崩す

ぐり石&土
積み石
この部分を取り外す
土の壁
石を積むのに邪魔にならなければ、壁の中に石が残っていてもOK
溝
1番下の石（根石）を置くところ。深さ10cm、幅50cmが目安。壁側に10%程度傾斜させる

石積みの断面。積み石の奥には大量のぐり石（小石）が詰まっている。積み直すときは、まず上から順に積み石とぐり石の層を外し、新しい石を積むための土の壁と溝を作る「床掘（とこぼ）り」を行う。写真手前は床掘りが完了している状態 ⇒42ページ

外した積み石やぐり石、土は分けて置く。重たい大きい石は、壁の近くに置くと積み直すときも楽。人海戦術で一気にやる
⇒46ページ

積み石を崩す。高いところにある重い石はずり落とすと楽
⇒44ページ

奥のぐり石と土は分けててみ（手箕）で集める
⇒48ページ

＼ いや〜 積む前から結構大変だ！ ／

休憩中。体が慣れるまではこまめに休憩しないと後半バテる
⇒71ページ

新しい石を積むための溝も掘り終わった。作業開始から約4時間かかった
⇒50ページ

ぐり石
積み石の重心は山側に
山側（左）が低くなるように傾けて置く。擁壁面の勾配に対して 90 度の傾きが理想
20 ～ 30cm
100cm
擁壁面には 20 ～ 30%の勾配（100cm 上がって 20 ～ 30cm 奥に入る）をつける

石を積む

空石《からいし》積みとは

石積み学校で学べる「空石積み」はコンクリートなどの接着剤を使わず、石だけで積む方法。何度でも積み直せるのが利点

石の面《つら》を合わせる

擁壁面に沿うように2本杭を打ち、水糸を張る。写真のように水糸と杭の内面（うちづら）が一直線に重なって見えるところに立ち、水糸に石の先端を合わせると面が揃って美しい ⇒78ページ

杭
水糸（杭の内面から水糸が出るようにする）

石は太いほうを前に

置く石の向きは石全体の形を見て決める。基本的に太いほうを手前に、奥行きは長くとるとよい。石の据わりが悪いときは、矢印のように小石を挟んで角度を調整する ⇒62ページ

2つ以上の石にかかるように
重みを分散させる。全体としては大きい石から順に積んでいくと構造的にも強い
積みにくい石は根石に
根石は1番下に置く石。丸っこい石や大きい石を使う。据わりが悪いときは壁や溝の土を削って調整する。最終的には下側3〜5割は土に埋める

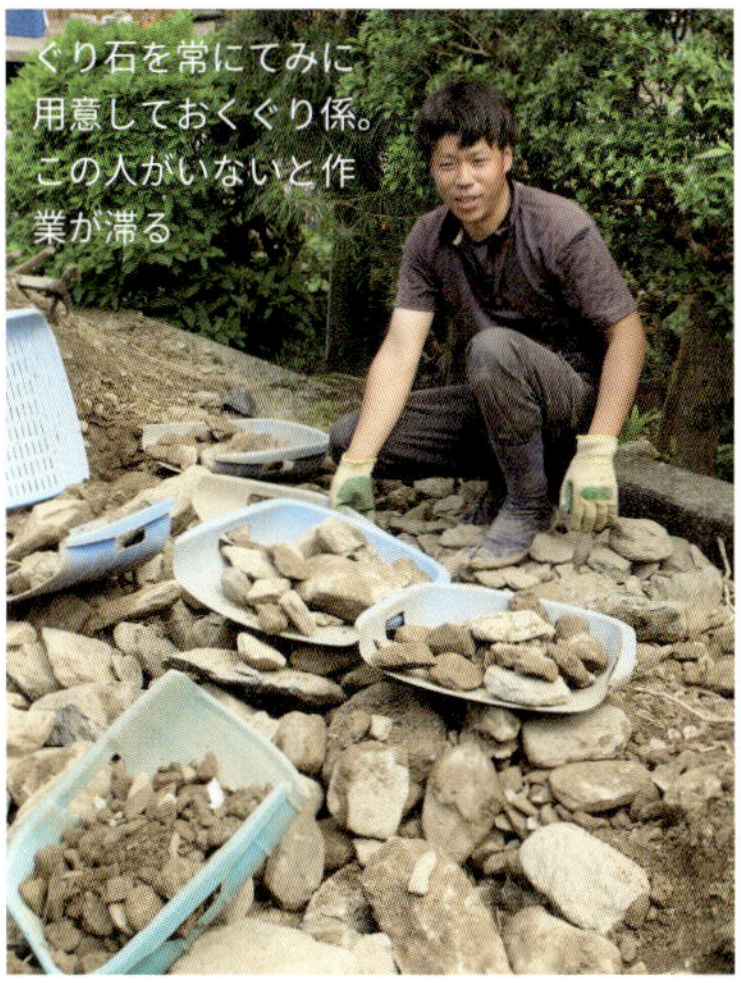
ぐり石を常にてみに用意しておくぐり係。この人がいないと作業が滞る

ぐり石を入れる

積み石の角度が決まったら、いくつかのぐり石を後ろから隣の石との隙間に詰めて固定。その後、てみに用意しておいたぐり石を土の壁と積み石の間にザザーっと豪快に入れる ⇒68ページ

72ページ⇐

積みかた　よい例・悪い例

○ 平たい石は、45 度くらいの傾きになるように置くと、時間が経つにつれて締まって強固な壁になるし、見栄えもいい

△ 薄い石を垂直（または水平）に置く「真一文字」。力が逃げず石が割れやすいのでダメ。この場合は石積みの最上部で上から重みがかからないのでセーフ

△ この石は厚みがあるので強度は大丈夫そうだが、水平に置く「真一文字」。見栄えも良くない

× 四つの石で一つの石を囲む「四つ巻き」。真ん中の石（矢印）に力がかからず抜けやすくなるのでダメ。周りより小さい石を使うとなりやすい

○

短い石を続けて使った場所には奥行きのある長い石を置いて強度を確保

○

後ろが出ている石（矢印）を積むと次の石は手前に傾きやすい。そういうときは長めの石をもってくると、重心を山側にできる。高い部分を削るのも手

上の段を積むときは、「あゆみ」と呼ばれる足場を設置する。石積みに1mほどの鉄の棒を2〜3本水平に打ち込み、板を渡す **⇒24ページ**

天端石（一番上の石）を積んだら、厚さ15cmほどたっぷり土を被せて仕上げる。
⇒82ページ

2日目の昼についに完成！ 作業時間は休憩含めて8〜9時間。大変な作業もみんなでやれば楽しい！ 終わるころには住む場所や年齢、職業を超えて「仲間感」が生まれた

石積みは基本さえ押さえれば、誰でもできます。美しく積めるようになるには練習あるのみ！少々失敗しても積み直せばOK。まずは、やってみましょう！

今回講師は4人。左から高開さん、石積み学校事務局の金子玲大さん、著者、高開さんの地元の弟子・明石光弘さん

なぜ「石積み学校」に参加したいと思いましたか？

体験者の声

自然な暮らしがしたくてＩターン、念願の畑仕事が日課です。地元の人から引き継いだワイン用のブドウ畑の石積みが崩れたので直そうとしたら、中から小さい石がいっぱい出てきて、びっくりしました。なんとなく直してみたのですが、１年もしないうちに崩れてしまって……。石積みをちゃんと習わないとだめだと思ってきました。
（30代女性）

親父の体が弱ってきたこともあり、Uターンして実家の農業を継ぎました。家の段々畑に石積みがあるのだけど、むらの人も積み方がわからなくて。自分のところだけでなく、大雨や地震で崩れた近所の石積みも気になっているので、やり方を覚えたら他の人にも教えて、一緒に積みたいと思っています。
（50代男性）

田舎暮らしが好きで、ピザ窯付きのセカンドハウスを建てました。都内の自宅といったりきたりしながら、二地域居住を楽しんでいます。家庭菜園でできた野菜で妻が焼いてくれるピザがおいしくて、食べ過ぎるのが悩み（笑）。せっかくなので、家の周りの土手を石積みにしたいと思っています。
（70代男性）

フォトロゲイニング（地図とコンパスを頼りにチェックポイントで写真をとりながら回るスポーツ）が趣味で、全国の農村を回っています。フォトロゲをするとフツーの農村がすごく新鮮に見えてきて、「石積みのある風景」が自然に目に入るように。それで石積みを体験したくなりました。
（20代女性）

造園関係の仕事をしています。仕事柄、石積みを目にする機会は多いです。庭の石積みと棚田や段畑の石積みは違うかもしれないけど、ぜひ身につけたいです。衣食住に必要なものをなんでも自分でつくってしまう農家の技をいつも「すごい！」と思っていて、いずれは田舎に移住したいです。
（30代男性）

2

石積みの準備

手順01 必要な道具を用意する

「石積み」の道具の特徴とは？

棚田や段畑などで見られる「石積み」。コンクリートやモルタルを使わず、段差のあるところに石を積み上げて壁状の構造物（擁壁面《ようへきめん》）を作り、斜面が崩れるのを防ぎます。

この技術は、専門の石工たちの手によるものではなく、家族や地域内で代々受け継がれてきたのが特徴です。

さらに以下のような特徴があります。

・石をあまり整形しない（野面石《のづらいし》）
・方向などの規則性がない（乱積み）
・モルタルなどの接着剤を使わずに、石だけで積み上げる（空石積《からいしづ》み）

では、こうした石積みの修復で、基本的に揃えておきたい道具とは、どのようなものでしょうか。

作業では、重い石を動かしたり、石の混ざった土を掘ったりするので、頑丈でしっかりした作りの道具を選ぶことが欠かせません。目的に合った道具を正しく使うことで、作業効率が上がります。

道具の入手先としては、ツルや熊手など、土に関する道具であれば、農業資材を扱うホームセンターなどでも比較的手に入りやすいです。

ただし「玄翁《げんのう》（20ページ）」や「しょうせん（23ページ）」といった、石の作業で使われる道具は、いわゆる大工道具とは強度などが違うので、入手がむずかしいかもしれません。石工道具を扱っている金物屋に聞くか、近所に石積みを経験した方がいれば、その方に入手先を聞いてみるのがおすすめです。

石積みで使われる道具

左から)てみ、しょうせん、ミニ熊手、片口玄翁、ツル、じょれん、備中鍬

経験者の知恵を借りるのが大切

石積みの道具は、現在では手に入れにくいものも少なくありません。たとえば石を崩したり積んだりする「しょうせん」は、買おうとしても手に入らないことがほとんどです。しかしながら、昔から石積みのある地域では、古くからある家の納屋に眠っていることも多いでしょう。

こうした道具を譲り受けることは、単なる物のやり取りではありません。石積みのやりかただけでなく、集落での作業のルールなど、〝生きた知恵〟をいただく貴重な機会でもあります。

もちろん周りに相談する人がいなければ、インターネットで「石工」「道具」「工具」といった言葉で検索して、取扱店を探してみるのもよいでしょう。

でもまずは、地元に頼れる方がいないか、探してみてはいかがでしょうか。今後も強力な相談相手になってくれるかもしれません。そこで仲良くなった方の納屋は、もしかすると宝の山⁉　眠っている貴重な道具を〝発掘〟できるかもしれません。

玄翁、片口玄翁

使い方 石を割るときや、整えるときに使います。石の形を整える程度であれば、1.2～1.5kgくらいのものが使いやすいです。石の据わりをよくしたり、余分なところを割りとったりするのに使うので、どちらかは用意しておきましょう。

選び方 農業資材を扱うホームセンターなどで入手できます（ほかの道具も）。インターネットで探す際は、「玄翁」だけで検索すると大工道具の金づちがでてしまいます。「玄翁　石工」と複合キーワードで探すほうが、目的のものを見つけやすいです。片口玄翁の平たいほうはコンクリート用です。近年は片口玄翁のほうが普及しているようです。

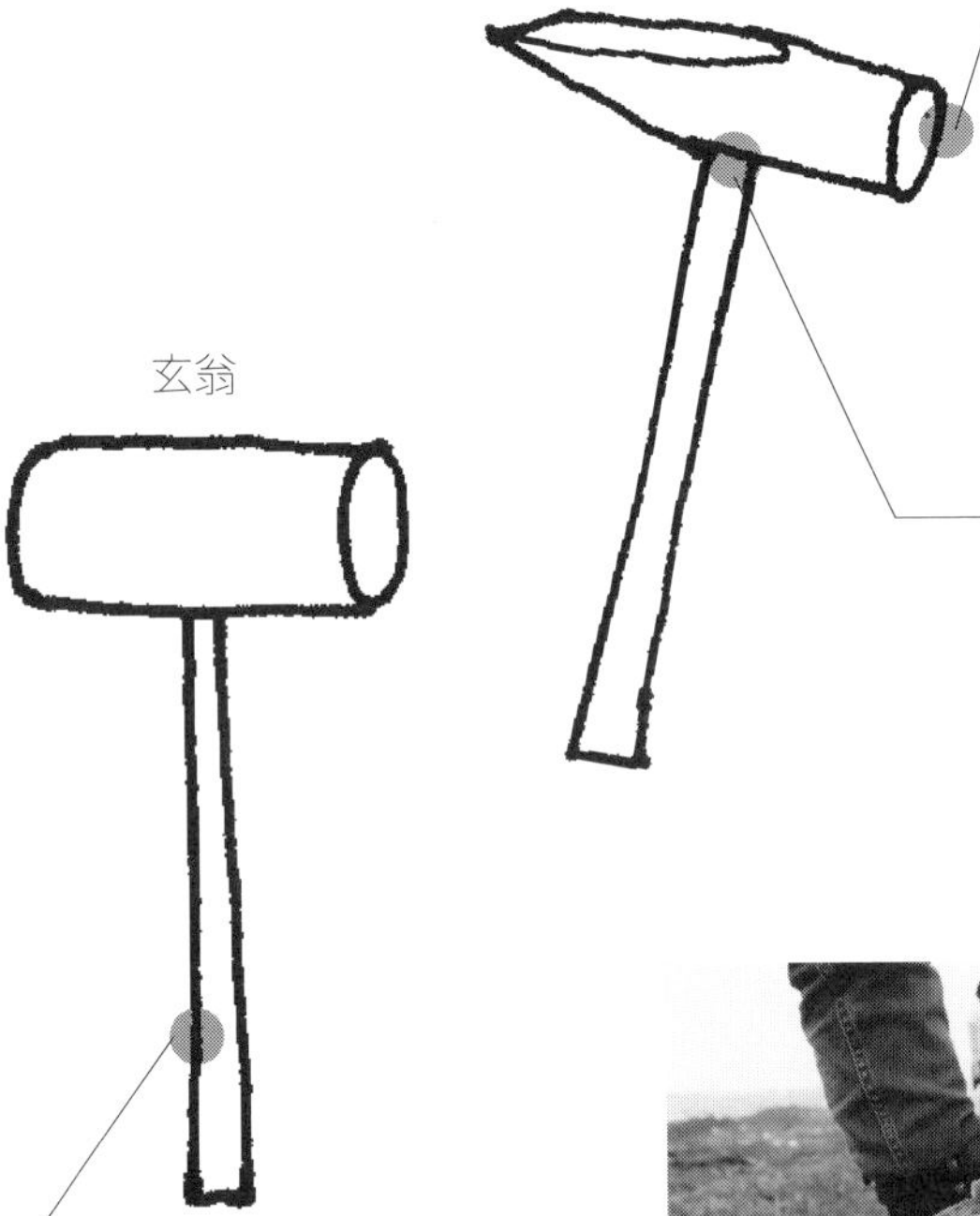
片口玄翁
縁のところ
縁の部分を石に当てて割るので縁は尖らせておきます。平らな部分を使うと柄が折れやすくなってしまいます。縁が摩耗したら、鍛冶屋さんなどで直してもらいましょう。
玄翁
柄の穴のところ
柄は太めのほうがいいので、柄を入れる穴が大きめのものを選びましょう。作業で力がかかっても、付け根から折れにくくなります。
柄
力が最も かかる玄翁の柄には、カシ材がよいです。ゴムなどでできた柄もありますが、木材の柄のほうが滑りにくく力が入るので、結局使いやすく安全です。

片口玄翁で石を割るところ

ツル

使い方 土をほぐすときや、石を動かすときに使います。テコの原理で石を動かすのに使うので、できるだけ頑丈なものを選んでください。 頑丈なものはそのぶん重いですが、振り下ろして使うタイプのこうした道具は、ある程度重い方が使い勝手はよいです。振り上げるときに力を入れ、振り下ろすときは重力を利用してあまり力を入れずに使います。

選び方 ツルの金属部分に厚みがあり、一体型で溶接していないものがよいです。特に刃の付け根の部分に厚みがあることが重要です。

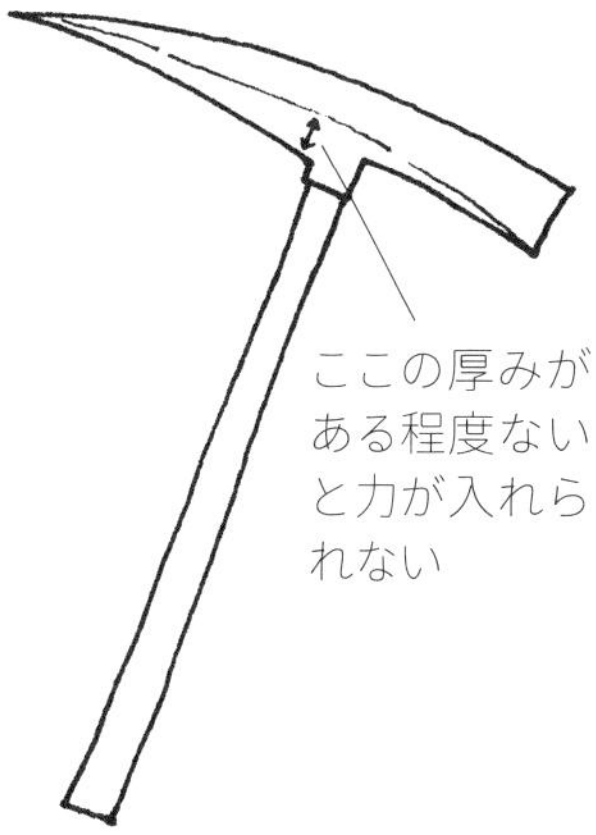
ここの厚みがある程度ないと力が入れられない

ミニ熊手

使い方 ぐり石を集めるときに使います。ぐり石の山を“掻く(寄せ集める)”時に使うので、丈夫さが重要です。

選び方 比較的頑丈で金属製の爪が3～5本ついている、小型（潮干狩りのときに使うくらいの大きさ）のものを選びます。竹や細い金属でできた扇形のものも「熊手」として売られているので、間違えないように注意をしましょう。

備中鍬、雁爪

使い方 土を掘ったりほぐしたりする農具で、3～4本の爪がついています。床掘り（42ページ）をするときなどに使います。

選び方 石積みでは、いつもは耕していない硬い土や、小石の混ざった土を掘ることになるので、頑丈なものが必要です。爪の付け根が一体型で溶接ではないもの、刃の厚みがあるものを選ぶようにしましょう。

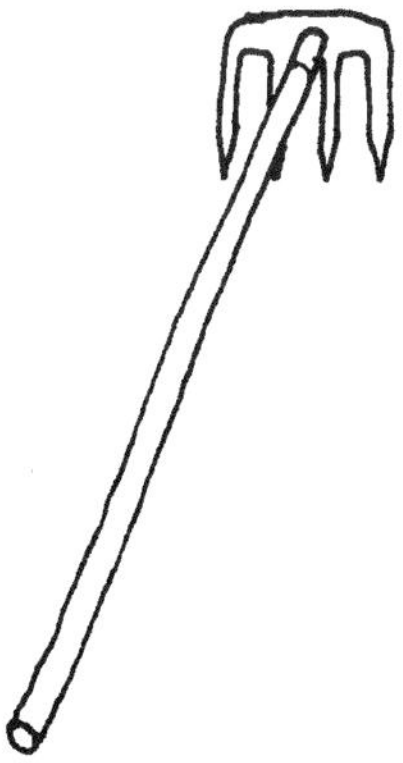

じょれん、ほっぱかき、かき板

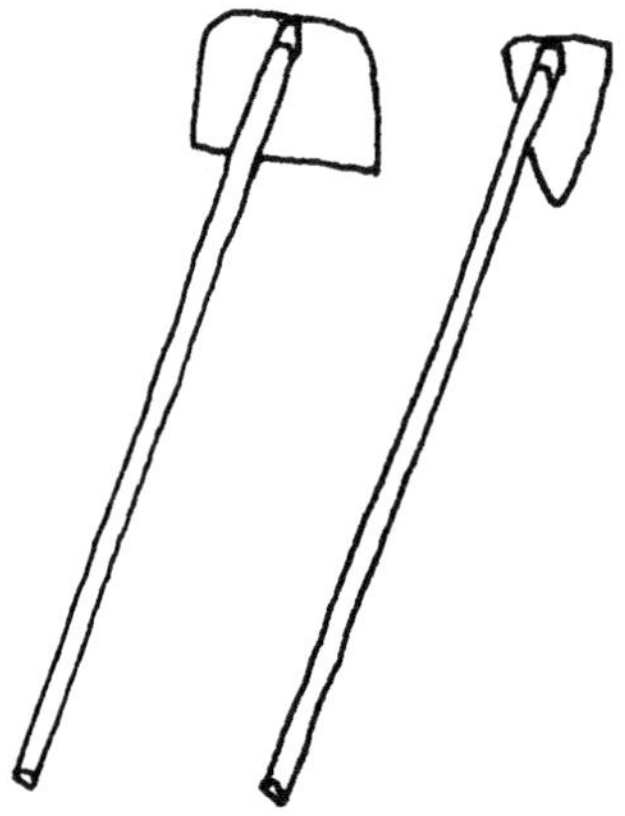

使い方 薄い金属の板がついた、土を掻く（寄せ集める）農具です。根掘り（50ページ）のときなどに使います。あくまでも土を掻く道具なので、掘るときには使わないでください。刃が曲がってしまいます。

選び方 備中鍬やツルで、すでにほぐした土を掻くだけなので、それほどの強度は必要ありません。土を掻く部分が真っすぐな方が、使いやすいです。

斜面地や狭いところで使う場合、買ったままでは、柄が長すぎることがあります。使いにくいと思ったら、自分で柄を切るなどして、長さを調整しましょう。

てみ（手箕）・石み

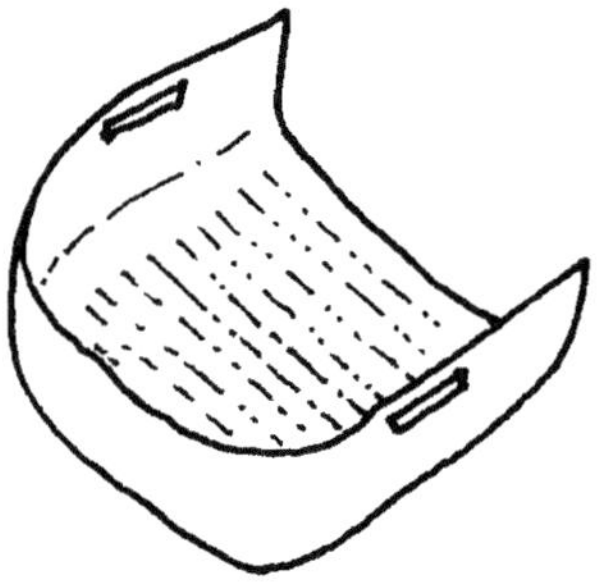

使い方 土や、小さめの石（ぐり石）を運ぶときに使います。バケツでも代用できますが、これの方が使い勝手がよいです。石や土を寄せ集めるだけで入れられ、傾ければ出せるので、バケツのように容器全体をひっくり返す必要がないからです。一気に３～４杯分のぐり石を入れたり、土をバケツリレー方式で運んだりすることがあるので、少なくとも5個くらいはあった方がよいでしょう。

選び方 竹製のものもありますが、ほつれやすいので、プラスチック製の方が使いやすいです。一般的にオレンジ色のものと青色のものが売られています。

重いものを運ぶのに適したしなやかな強度があるのは、「石み」と呼ばれる青色の方です。大きさにはいくつかありますが、40㎝四方くらいのものが使いやすいのでおすすめです。それ以上大きいと石をたくさん入れてしまうので、重くて持ち上げられなくなることもあります。

かけや

使い方 土を締め固めるとき、杭を打ちこむときなどに使う、木製や樹脂製の道具です。石を積んだ後に、ほかと比べて表面が飛び出ている石に対して、正面から叩いて面《つら》（石積みの表の面）を揃えるときにも使います。

選び方 道具自体の重さが重要なので、3～4kgくらいのものを選びます。玄翁で叩くと石が割れてしまうので、かけやで叩く方がよいでしょう。

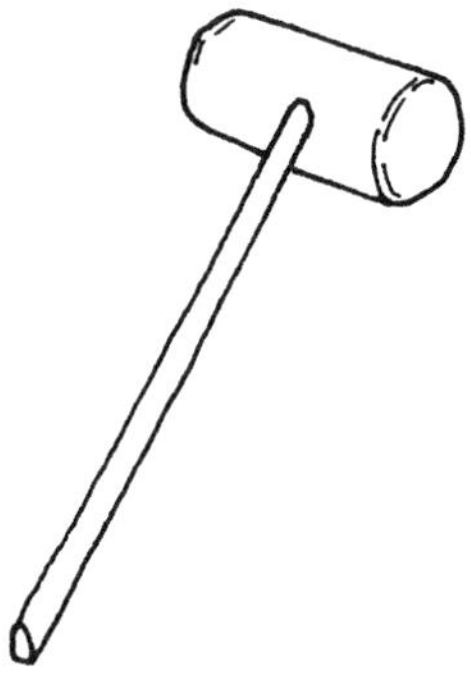

しょうせん、手じょうせん

使い方 じょうせん、しょうれん、かなてことも呼ばれます。石をこねる（微調整する）ときに使われ、石積みを崩すときにも、積むときにも役立ちます。長さは、長いもので約130cm、短いもので約85cmのものが一般的です。

長い方のしょうせんは、石を割るときにも使います。重さを生かし、しょうせんを落とすようにして石に打ち込みます。石を何段か積んだあと、奥に入りすぎた石があれば、その下に5㎝ほど差し込み、こねて前に引き出すといった使い方もします。

選び方 かなてこのようなものですが、先が曲がっていないものを選んでください。ホームセンターではほとんど売られていないので、インターネットや金物店などを探してみてください。石積みのある地域では、近所の人の納屋に眠っていることもあるかもしれません。

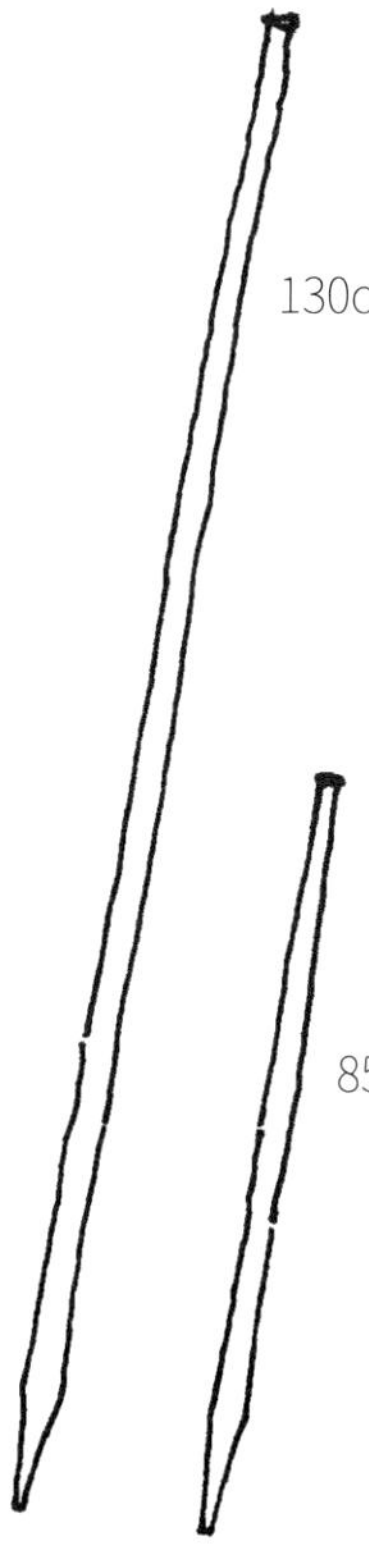

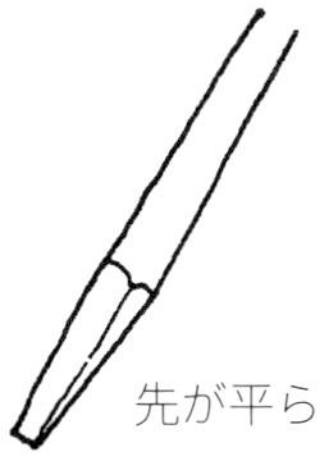

あゆみ板（足場板）、鉄の棒

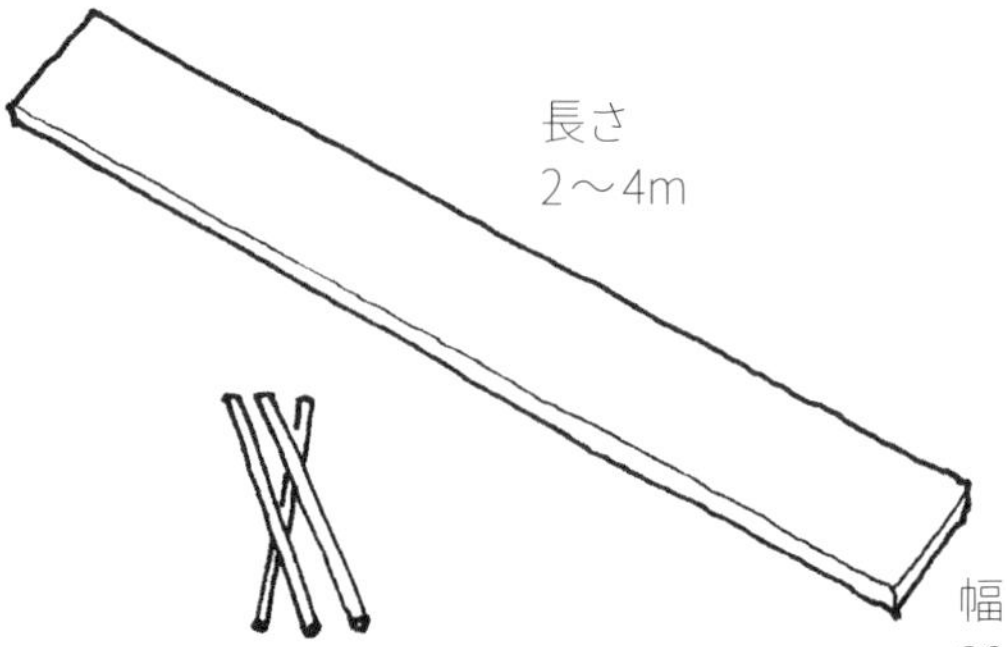

使い方 1.2m 以上の高さがある石積みを修復するとき、足場の役割をします。鉄の棒を３本ほど石積みに打ち込んで、その上にあゆみ板を乗せて使います。

石積みは擁壁面に傾斜があるため、脚のついた足場台では、足場と作業場が離れすぎてしまうので、この方法をとります。

選び方「あゆみ板」とは、長さ２〜4m、幅 20㎝内外の板。昔は杉板でしたが、近年は金属製のものが売られていることが多いです。アンティークのリフォーム材として、杉板の中古品が売られていることもあります。

「鉄の棒」は先を尖らせてあり、強度のある金属製の棒なら何でもかまいません。商品として売られていないので、金属加工をしてくれるところを探すか、近所の人の納屋に眠っていないか聞いてみるのがよいでしょう。

あゆみ板と鉄の棒で足場を組む。後ろに木の棒も加え、強度を高めている

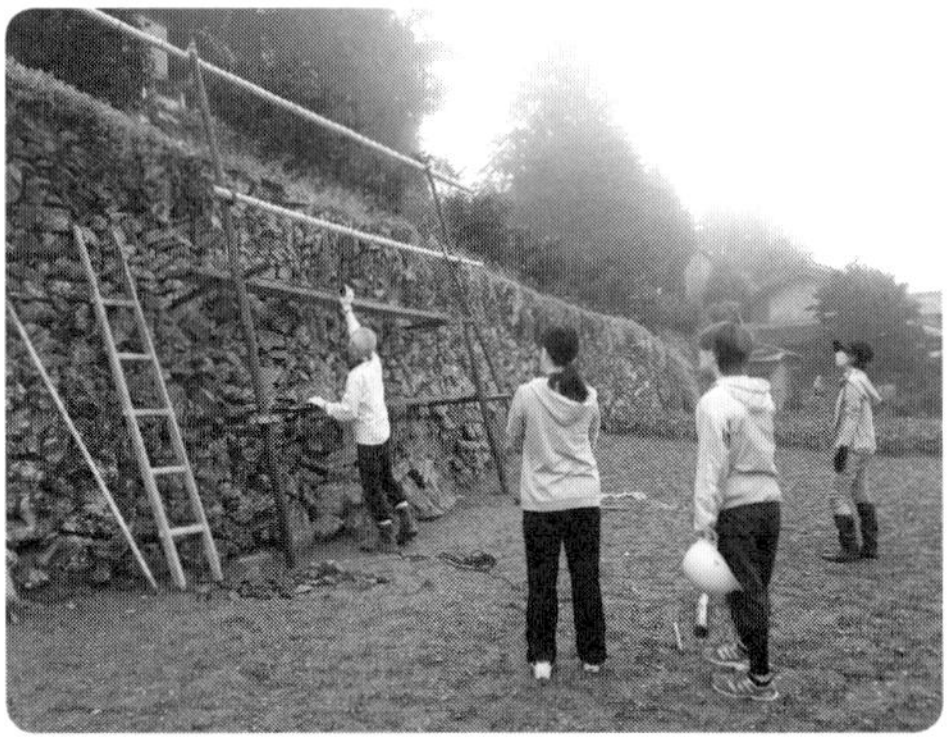

高い位置に足場を組むには、後ろに手すり（写真の竹の棒）も加える

ゴム引き手袋

使い方 素手ではケガをしやすいので、作業中は手袋をします。

選び方 手のひら部分の全面にゴムが引いてある手袋を選びましょう。石をしっかりとつかむことができます。園芸用の薄いゴムが引いてあるものでは、すぐに破れてしまいます。厚めのゴムが引いてあるものがよいでしょう。

ビニールシート

使い方 日よけに使ったり、雨よけに使ったりします。

選び方 直射日光の下で作業をすると疲れやすいので、夏は特に日よけにします。また土壁がむき出しになっている部分が、雨が降って崩れるのを防ぐのにも使います。何日かにわたり作業をする際は、夜間の天気が心配ならばビニールシートをかけておくとよいでしょう。

道具は、日頃のメンテナンスも大切

使い終わった道具は、次の人が使いやすいようにしておくことが大事。ピカピカに磨き上げる必要はないですが、特にワークショップなどでは道具を共有するので、土をぬぐったり、洗ったりして、次に使う人のことを考えて使いましょう。ただし金属製の道具は錆びやすいので、洗ったあとは水気をしっかり切り、湿気のないところで保管してください。

よく使う道具の角の部分が丸まってきたり、爪が曲がって使いにくくなった道具は、直しにだしてください。数は減っていますが、地元に昔ながらの鍛冶屋さんがあれば、持ち込んで修理を頼んでみましょう。

使っていた道具の柄が折れてしまったら、自分で付け替えてみてもよいでしょう。できれば空気が乾燥して木が最も収縮している冬に行うのがおすすめです。付け替える柄に使う木材は、製材したものよりも枝を使う方がよいとされています。枝はそれ自体が一つの構造体としてできているので、“しなり”があって折れにくいからです。

玄翁の使いかた

大きく振れば、大きく割れる

石の飛び出たところを大きく取りたいときは、細かく叩いて削るのではなく、大きく叩きます。玄翁を大きく振って叩けば、大きく割れます。反対に、弱い力で何度も叩いていると、いろんなところが割れてしまいます。

割りたい線に沿って叩く

大きな石を二つに割りたい時などは、〝割りたい線〟に沿って叩いてみてください。割れやすい線を探すことを「石の目を見る」といいますが、できるようになるには経験あるのみ。石の質によっても割れ方は違います。

まずは、この向きなら割れそうと思う線を決めて叩いてみましょう。図2-1

真っすぐ振り下ろす？　弧に振り下ろす？

飛び出しているところを削りたい時には、

・真っすぐ振り下ろす方法
・円弧を描くように振り下ろす方法

とがあります。図2-2

石の質によって、どの向きが適しているかは違います。振り下ろす方向が違えば割れかたも違います。これを意識しながら作業をするなかで、地元の石の性質を知りましょう。

図2-1 線に沿って何カ所か叩く

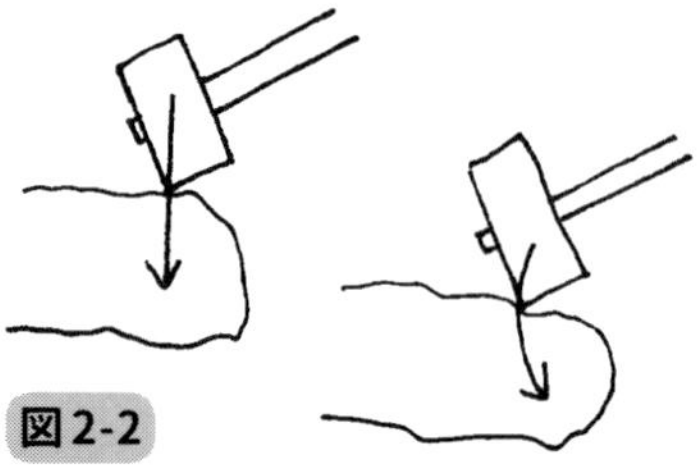

図2-2

腕の力より地球の力

腕の力だけで石を割るのは難しいので、重力を利用します。そのためには、石を叩くことに意識を向けるのではなく、むしろ振り上げる方に意識を向けます。あとはコントロールを定めながら、重力を利用して振り下ろすだけです。無理に叩こうとすると柄が折れます。

なお重力を利用するのは、玄翁だけでなく、ツルや備中鍬なども同様です。

体の軸に合わせて振る

重力を利用して割るため、片手で振るときには腕の軸、両手で振るときには胴体の軸に合わせて振り下ろします。手首のスナップは使いません。そのため、自然な体勢で振り下ろせる位置に石を置いてください。

石が安定するように置いたら、叩きたいところが側面に来て叩きにくくなることがあります。その場合には、下にほかの石をかませて角度を調節します。無理な体勢で玄翁を振るのではなく、石の方を調整するのです。

いずれの場合も、片方の足で石を踏みつけ、固定しておきます。

なお、柔らかい土の上に置いてあると石に力がかかりにくいので、角度調節をしないときにも下にほかの石を敷いたりすると作業性がよくなります。コンクリートは硬そうに見えても案外もろいので、コンクリート舗装してあるところで石を割る作業をすると、舗装を傷めてしまうことがあります。

玄翁の先が抜けることもあるので、他の人の位置（先が抜けて飛んだ先にいないか）にも気を配りながら振り下ろしましょう。

手を詰めないように

位置が悪いと、玄翁の頭より柄を持っている手の方が先に着地してしまうこともあります。気をつけましょう。図2-3

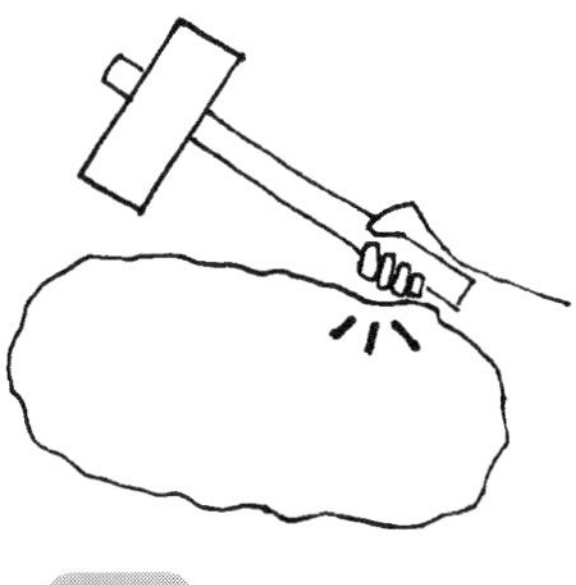

図2-3

玄翁は重力を利用してまっすぐ振り下ろす

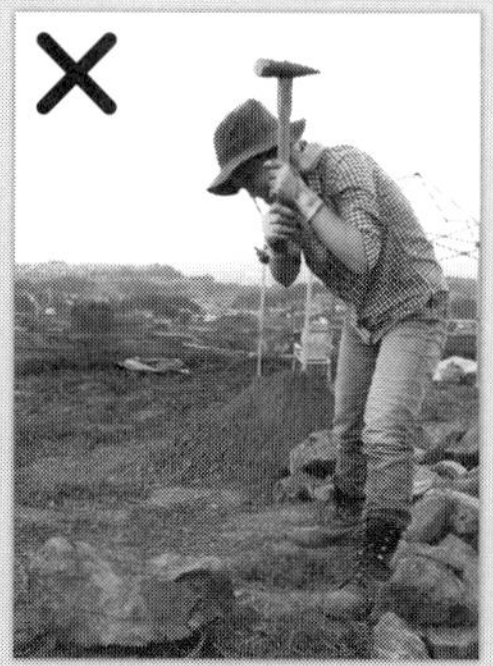

体の軸に沿っていない悪い例

手を詰めないように、位置に気をつけて！

玄翁で石の尖ったところを削(はつ)る

やった！

見事に割れました！

下に他の石をかませて、割りやすい石の角度に調整する

安全に作業をするために

石積みは土木作業ですので、安全に作業をするためにも、頭を守るもの（ヘルメットや帽子など）や、安全靴があるとよいでしょう。

また、石を持つときに擦り傷ができやすいので、長袖、長ズボンが服装の基本。ただし暑さ対策との兼ね合いも必要です。

防護メガネがあると、石を割るときに破片が飛んでくることへの対策になります。普通のメガネの上からかけられるものもあります。

特にワークショップ形式で石積みを行うときには、作業に慣れていない参加者のために、必要な準備や服装のことを、できるだけ丁寧に伝えてあげてください。

ケガなく安全に作業をするのに、長袖、長ズボンは基本

手順02 修復のタイミングを決める

作業を始めるタイミングの目安

石積みが崩れたら直さないといけないのは当然ですが、実は完全に崩れてから直すのは、かなり大変なことです。

もともと積んである石積みは、積み直すときの材料になります。ですから修復にあたっては、材料として使いやすいように、積み石・ぐり石・土とを分別しながら外していきます。もし石積みが完全に崩れてしまうと材料が混ざってしまうので、そこから分別するのは大変です。

ですから、石積みがゆるんだ程度の状態で早めに気づき、本格的に崩れる前に積み直すことが望ましいです。

積み直すタイミングの目安としては、

・擁壁がへこんできたとき
・積み石が前に向かって下がってきたとき
・擁壁面がぽってりと膨らんできたとき（この状態を〝孕《はら》む〟という）

といったときです。図2-4 図2-5

崩れる前に積み直しできるように、状態の悪そうなところを探しておき、農閑期に少しずつ何カ所かを直していくのがよいでしょう。雨が続いた後など、土に水が多く含まれているときは石を外すと土壁が崩れてくることがよくあります。長雨や大雨が降った後はしばらく待って、安全になってから修復を開始しましょう。

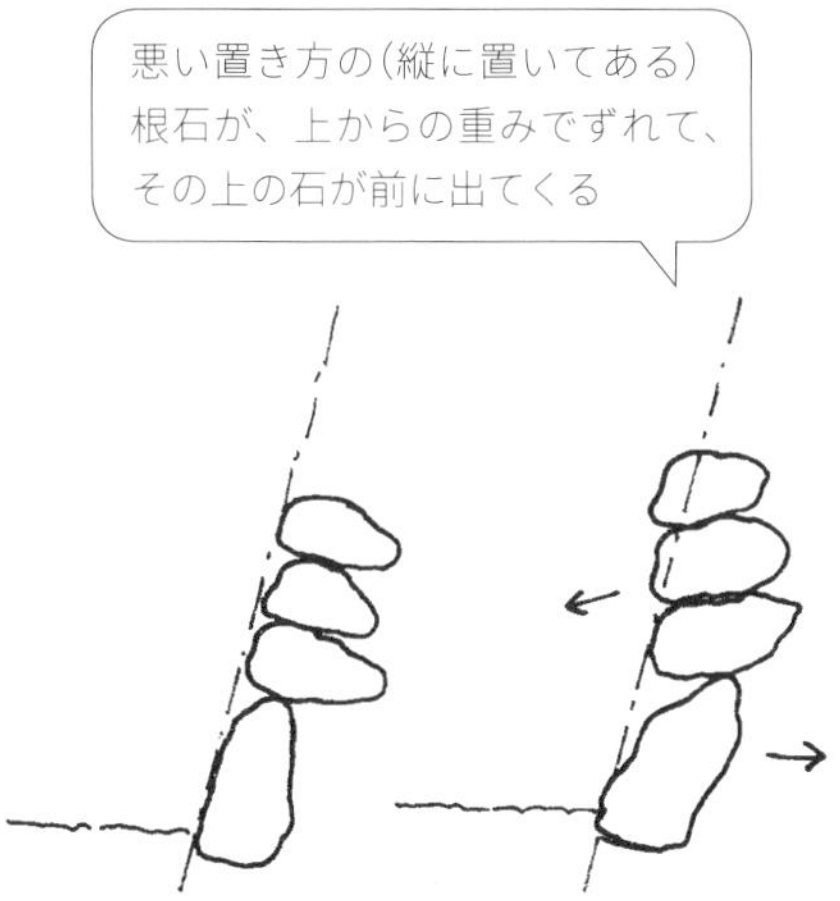

図2-5 積み石が崩れる原因となる例

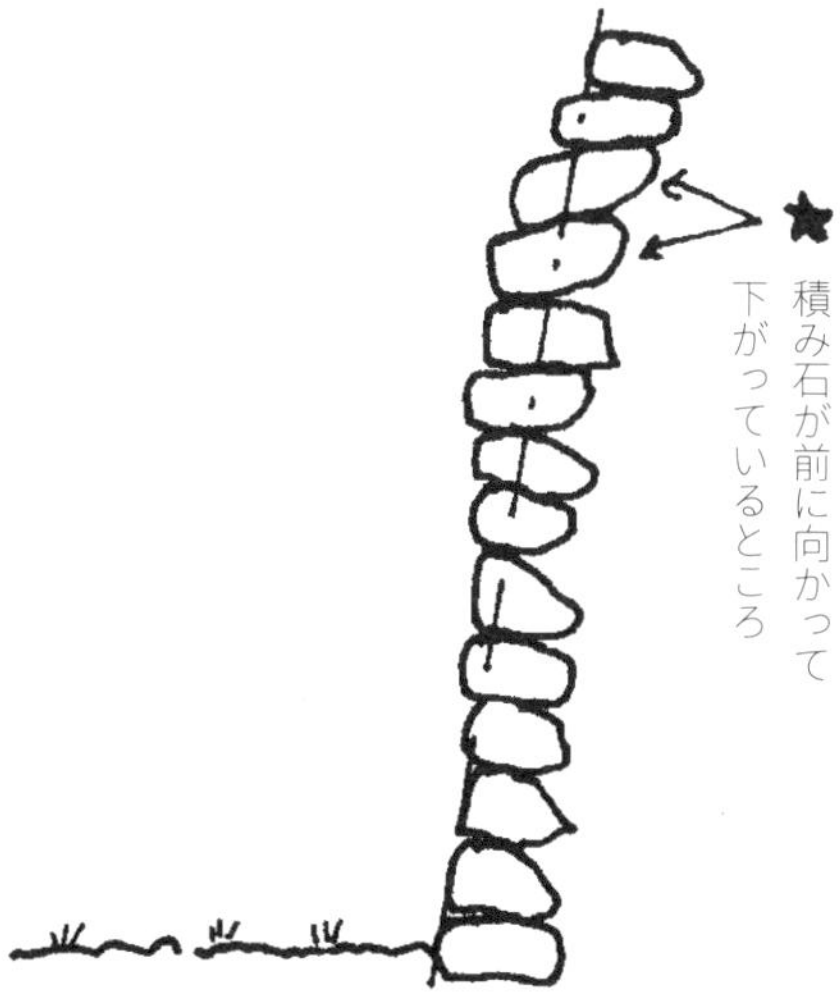

図2-4 積み直しが必要な石積みの例。孕んでいる(擁壁面が膨らんでいる)ところ、石が前に下がっているところは要注意!

崩れた石積みの例

石積みの間から草が伸びているのは、ぐり石の間に土が入っている証拠。背後の土に水がたまりやすくなり、崩れる原因になる

田舎でよく見かける、石積みが崩れている状況

正しい石積みの構造とは

本来、正しく石積みされているものは、以下のような構造になっています。

・「積み石」が奥に向かって傾いている：石の重さで、背後の土を押さえつけるためです 図2-6の❸
・「根石」が地面に半分以上埋まっている：耕されていない固い地盤に置くこと、前に滑り出ないようにすることの二つの役割があります 図2-6の❻
・「ぐり石」が積み石の裏に入っている：積み石の角度調整や、排水層の役割があります 図2-6の❶
・積み石の奥行きとぐり石の奥行きが、同じくらい：背後の地盤が岩盤質であれば、これより少なくても大丈夫です 図2-6の❷
・石積み面が平面か、もしくは上部で少し勾配がきつくなっている：石の重力が下の石に正しくかかるために重要なことです。図2-6の❼

積み石はさまざまな原因から、いわゆる〝孕む〟状態になって崩れやすくなってしまいます。その代表例を以下に挙げてみました。

①そもそもの積み方がよくない

石積みの初心者は特に、石を隙間なく噛み合わせようとして、石が前に傾いてしまっていることがよくあります。背後の土を押さえる力が働かないだけでなく、重力で石が落ちやすくなります。

②根石がずれてしまった

実は一番多い崩れ方です。根石が沈んだり傾いたりすると、上の石にも影響を及ぼしてしまいます。こうなると上の石だけを直しても意味がありません。根石、つまり土台からやり直す必要があります。

③ぐり石に土が入り込む

31ページに、石積みの間から草が生えている写真をのせました。これはぐり石の層に土が入り込んでいる証拠です。こうなるとぐり石が排水層としての役割を果たせず、水はけがわるくなってしまいます。この状態が続くと、土が水を含んで崩れやすくなります。ぐり石が足りなかったなど、そもそもの積みかたが原因の場合もありますが、時間の経過とともに自然とそうなるものでもあります。このときこそ、石を積み直すチャンス。草が生えにくくなるので、その後の維持管理も相当楽になります。

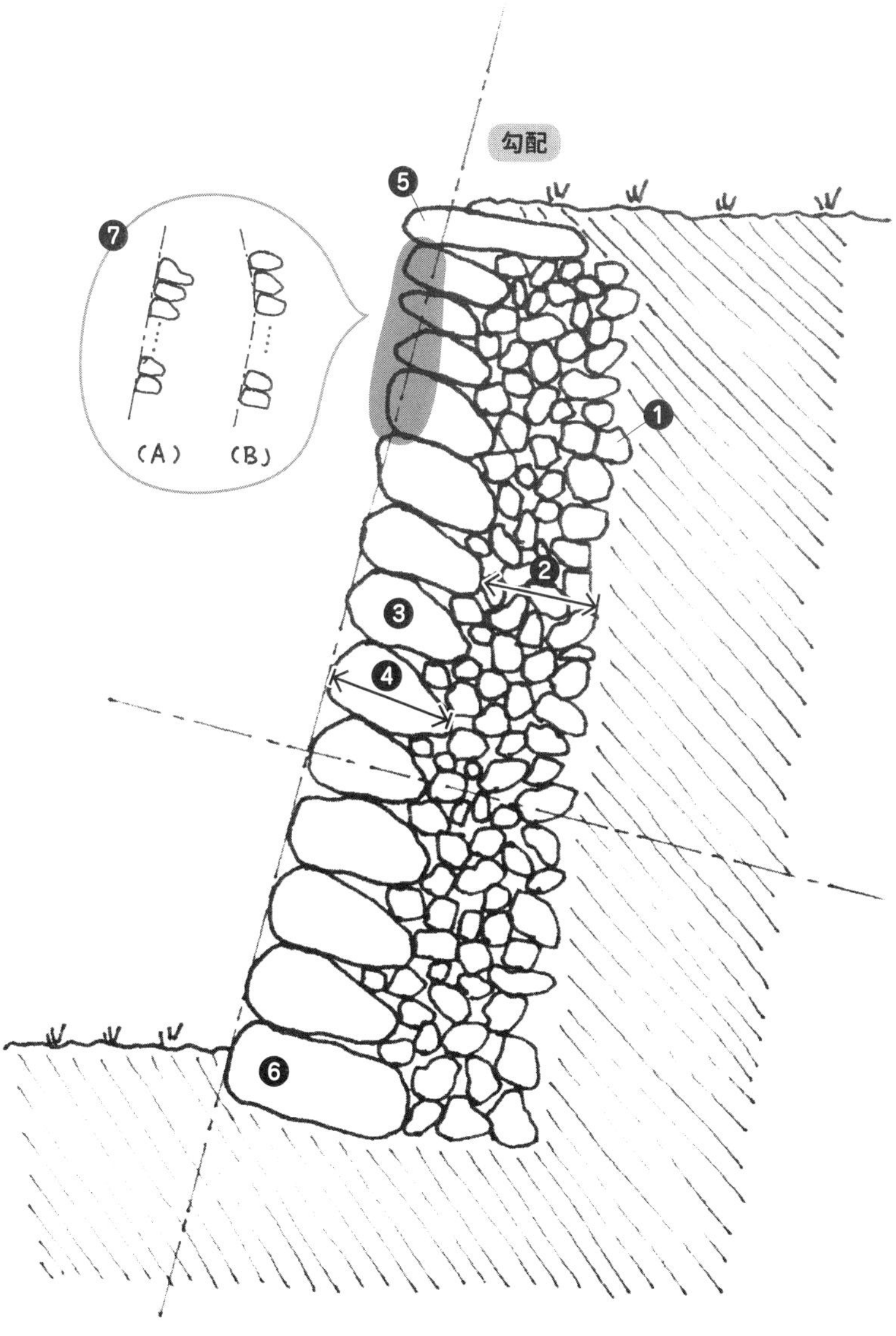

❶ ぐり石

積み石の背後にある小さめの石のこと。積み石のすぐ後ろのぐり石は傾きの調整や積み石を固定する役割があり、その奥のぐり石の層は排水の機能を果たす

❷ ぐり石の層の厚み

積み石の奥行きと同じくらいが理想。もともと入っていたぐり石が少なく、背後の地盤が固い場合などは少し減らしてもいい

❸ 積み石

擁壁面の表面にある石。大きいものから積んで、上に行くほど小さいものにする。積み石は、山側(この図だと右側)に向かって傾斜するように置く

❹ 控《ひか》え長《ちょう》

積み石の奥行きの長さ。控え長が長いほど強い石積みができる

❺ 天端石《てんばいし》

一番上に置く石。平べったいものを置く場合や小さい石のまま終わらせる場合、平べったいものを立てて置く場合などがある。用途や地域によって異なるので、もともとあったように置くといい

❻ 根石《ねいし》

一番下に入れる石。大きな石や、積み石にはなりにくい丸みのある石を選ぶ

❼ 石積みの上部が平面(A)か、テラ勾配(B)がついていると、崩れにくい。「テラ勾配」とは、2〜3分の勾配(1mあたり20㎝〜30㎝奥に入る勾配)が、強度が高いとされる。「テラ勾配」とは、上部で少し勾配がきつくなっていることを指し、勾配の反りがお寺の屋根の形状に似ていることから、名づけられた。

図2-6 石積みの正しい形の例

手順03 修復する範囲を決める

どこまで崩して修復するか？

石積みを修復するときは、〝どの範囲を〟、〝どこまで崩すか〟を考える必要があります。完全に崩れてしまう前であれば、状態の悪いところを中心に、比較的自由に範囲が決められます。

適切に修復するには、修復が必要な箇所を早めに見つけることが大切。一見すると崩れていないように見えても、石がずれていれば、崩れやすくなっている箇所です。「正しい石積みの構造（32ページ）」を頭におきながら、石がずれている箇所も一緒に修復しましょう。

作業する範囲は、人手とかけられる日数（人工《にんく》）からみて、少な目に設定します。最初は長くても2～3日で直せる程度で設定するとよいでしょう。

場合にもよりますが、3人で3日かけられるなら、高さ1・5m×10m程度を修復するのが目安です。事前に作業計画を立て、作業に無理のない範囲をあらかじめ決めておきましょう。

修復途中で土の壁がむき出しのときに雨が降ってくると、土壁が崩壊しやすくなります。なるべく短期間で修復を終わらせるために、作業する人数などをみながら範囲を決めていきます。最初は小さなところからやり直してみてください。

結《ゆい》や講のように、近所の人たちと共同で順番に直していくのもいいですし、人を集めてワークショップ形式で修復する方法もあります。

修復範囲の決めかた

①上下の範囲を決める

石積みは下から積んでいき、上から崩していくものです。ですから、石積みの下の方が孕んでいたら、上の方が大丈夫そうでも、下まで崩す必要があります。一方で下の方が大丈夫そうに見えても、石の間から草が生えているところは、〝ぐり石の中に土が入り込んでいる〟状態なので、その部分の水はけが悪くなっています。崩れやすくなっているので、積み石の状態がよくても、上の方を治すならついでに下まで修復した方がよいでしょう。

ですが、場合によっては上部だけ修復すればすむ場合もあります。たとえば、イノシシが草の根っこを食べようとして石積みを掘ってしまい、崩れてしまった場合です（わりとよくあります）。

周りの石の状態を見て、

・擁壁面が孕んでいない
・積み石がしっかり後ろに傾いている
・草があまり生えていない

ようなら、外側からの要因で崩れているということなので、崩れた部分より下は積み直さなくても大丈夫です。

修復範囲を判断するには、何度か積んで石積みの状態を見られるようになることが必要なので、最初のうちは根石から積み直す方が無難です。

古い石を取り外した石積み。この状態で雨が降ると土壁が崩れやすい。修復は短期間で終わらせる

石を崩すときは、積み石、ぐり石を手で丁寧に外し(写真右上下)、斜めに狭まっていくように崩していく(写真左)

②左右の範囲を決める

通常、上の石は下の二つ以上の石に荷重がかかるようになっています。ですから、崩すときは、斜めに狭まっていくように崩すことになります。

作業の前に石積みの目地を見ながら、崩すラインを大まかに決めておきましょう。ただし、崩していくうちに予定していなかった石が外れてきたりして、多少作業範囲が広がることはよくあります。最初の予定は大体の目安ですので、予定外であっても緩んできた石は崩してしまいます。

本書ではこの先、根石から積み直す方法を紹介していきます。

作業前後の気遣いもかかせない

一般的に石積みは、上の段にある土地の持ち主の所有のことが多いです。石積みが崩れて自分の畑に土砂が広がってきても勝手に直さず、所有者である上の土地の持ち主と相談しましょう。図2-7

また作業は下の田畑を使ってすることになるの

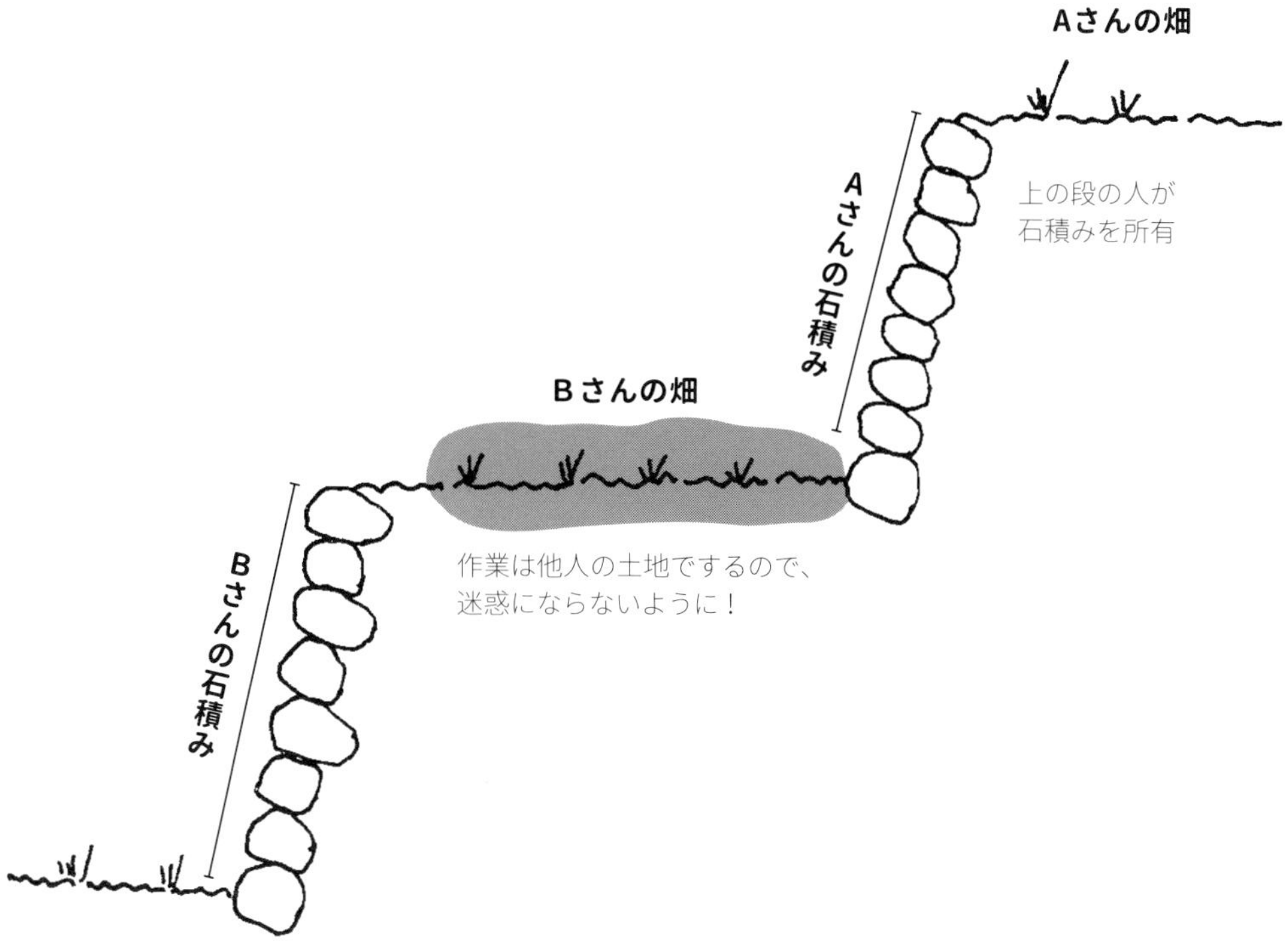

図2-7 石積みは、上の段の土地の持ち主の所有物。石積みの作業は他人の土地（下の土地）でするので、すぐに農地として利用できるように、なるべく少ない面積で作業する

で、自分の土地でなければ、事前にその場所の持ち主と相談して、修復のタイミングや条件などを話し合っておく必要があります。

場所を利用させてもらったら、そこをすぐに農地として利用できるまできれいにしてから、作業を終えるのがマナーです。その時には、

- 作業で使用する面積はなるべく少なくする
- あらかじめ杭などを打っておき、修復時に使用する範囲を決めておく
- 小石を残さないように、気づいたら作業中にも拾っておく
- 作業後にはあらためて小石を拾い、作業中に踏み固めたところを耕しておく
- 作業場内に果樹など動かせないものがある場合には、あらかじめムシロなどで覆っておき、植物を傷めないようにする

ことなどを気をつけてください。

なお道路に面している農地の場合は、上段か下段かは関係なく擁壁が道路の一部であることがあります。管理している県や市町村に、所有の詳細を確認してみましょう。

手順04 補充の石を用意する

石の入手はできるだけ集落で

石積みに使う石は、通常はくずした石積みからできた石そのものが、次の材料になります。ですから基本は、外した石をそのまま使えばよいことになります。

ですが石を積み直すと、だいたいは足りなくなるのがふつうです。あらかじめ、補充用の石（特にぐり石）を用意しておきます。石の入手方法には、以下の方法があります。

①集落のストックを譲ってもらう

棚田や段畑がある地域では、畑の片隅などに材料の石をすでに集めていることがあります。かつては日常的に石積みを修復していましたから、いつでも作業ができるように石がストックされていたのです。または、すでに森林に戻ったように見える山の中にも、棚田跡があることがあります。

そういった石積みをみつけたら、どちらの場合も勝手に持ち出さず、持ち主に石を譲ってもらえないか交渉をしてみましょう。少しだけでも譲ってもらえるかもしれません。

地域で使われていた石は、その近くで採れた石のことが多く、周りと同じような石を使うことで風景の保全にも役立ちます。なお川など公共の場の石は「公共用物」といい、国や市町村が管理しています。こちらも勝手に持ち出してはいけません。特に、国の天然記念物に指定されている区域内では、岩石、鉱物、化石、動物、植物の採取も全面的に禁止されています。

②採石場などから購入

①が無理そうだとわかったら、採石場などから購入しましょう。地元の石とは石質が違うことが多いですが、補充分くらいであれば石積みの見た目は大きくは変わりません。少量であれば、インターネットを通じて購入できることもあります。

ですが新しく石積みを作るなど大量に必要な場合は、近くの採石場からの購入がおすすめです。〝なるべく地場のものを使う〟という環境面での理由と、〝石の費用のほとんどは運送コストなので、近場で買う方が割安〟という経済面での理由があるからです。

近所で土木工事をしている人がいれば、採石場を教えてもらえるかもしれません。さらには、道路工事などで崩すことになった昔の石積みの石を入手できる可能性もあります。まずはインターネットではなく、近所の人のネットワークを活用してみましょう。なお庭用の石を売っているところもありますが、農地の石積みには土木用の石で十分だと思います。土木用の石と庭用の石では、10倍くらいの価格差があることもあります。

購入する際の石の大きさ

石が現地で調達できない場合は、購入します。「ぐり石」が欲しい場合は、こぶし大の砕石（6～8㎝の1号砕石）を買うと、ちょうどよいです。

「積み石」として売られているものを買うと大きすぎることがあるので、「大栗石」と指定する方が、粒径20㎝内外の、積み石として扱いやすいサイズの石を入手できます。

それでもしばしば、粒径20㎝よりもかなり小さい石や大きい石が混じることがあります（ふるいにさえ通れば、石全体の大きさとは関係なく選別されるため）。粒径30㎝を超える石は、持ち上げるのも大変です。大きい石は割ればよいのですが、中には、ぐり石にするような小さな石が多く混じることも見越して、量は多めに確保してください。

また石の比重によって、全体の量が変わってくるので、作る面積を伝えて採石場の人と相談してみてください。

ぐり石の役割

ぐり石には、水はけをよくすることと、積み石を固定することという、二つの役割があります。ぐり石が少なかったり、そもそも入っていなかったりすると、以下のような問題がでてしまいます。

・排水層の役割をするぐり石がないため、土が水を含みやすく崩れやすい

・石の角度が調整できないため、不安定な石積みになってしまう

・積み石のすぐ後ろが土のため草が生えやすく、維持管理に手間がかかる

ときどき「うちの集落は、ぐり石がいらない土地なんです」という方がいますが、よほどの条件がそろっていない限り、ぐり石のない石積みは長持ちしません。

ぐり石があまり入っていない石積みがあるのは、本当にぐり石がいらない土地の可能性もありますが、平地の少ない山間部で、できるだけ早く農地を作ることを優先した経緯からではないかと考えられます。実際、明治時代の本を見ても「ぐり石は必須のもの」とされていました。

ぐり石がいらない可能性もないとは言い切れませんが、ほとんどないといっていいでしょう。たいていの理由は後者の、急場しのぎでつくった石積みのはずなので、修復をする際にはぐり石を十分に補いたいものです。

積み石の後ろに入れるぐり石。水はけをよくし、積み石を固定する役割がある

3
床掘りをする

考え方

床《とこ》掘《ぼ》りとは？

床掘りとは、土の壁と溝を作ること

石積みを修復する範囲が決まったら、まず積む準備として古い石積みを崩し、土の壁と溝を作ります。この作業全体を「床掘り」といいます。

土の壁を作るのは、石を積むスペースを作るためです。必ずしもまっすぐ平らできれいな土の壁を作る必要はありません。作業途中で土壁のどこかが崩れたとしても、またそこが凹んだままでも、その先の作業を続けて大丈夫です（土壁が崩れたときの対処法は、54ページ参照）。

溝を作るのは、根石を置くところを作るためです。根石がずれるとその上の石もずれてしまうので、結果として石積みが崩れる原因にもなります。

そのため、

・通常の地面より硬いところに根石を置く
・根石が前にずれないように根石の前に土を残す

ことが必要で、結果として〝溝を掘る〟ことになります。

床掘り作業のポイント

修復個所の左右に既存の石積みが残っていれば、その石積みの前面と、新しく作る擁壁の前面とを揃えます。

床掘り作業は、擁壁の前面から、積み石の2倍程度の奥行きになるように土を掘り込みます。出来上

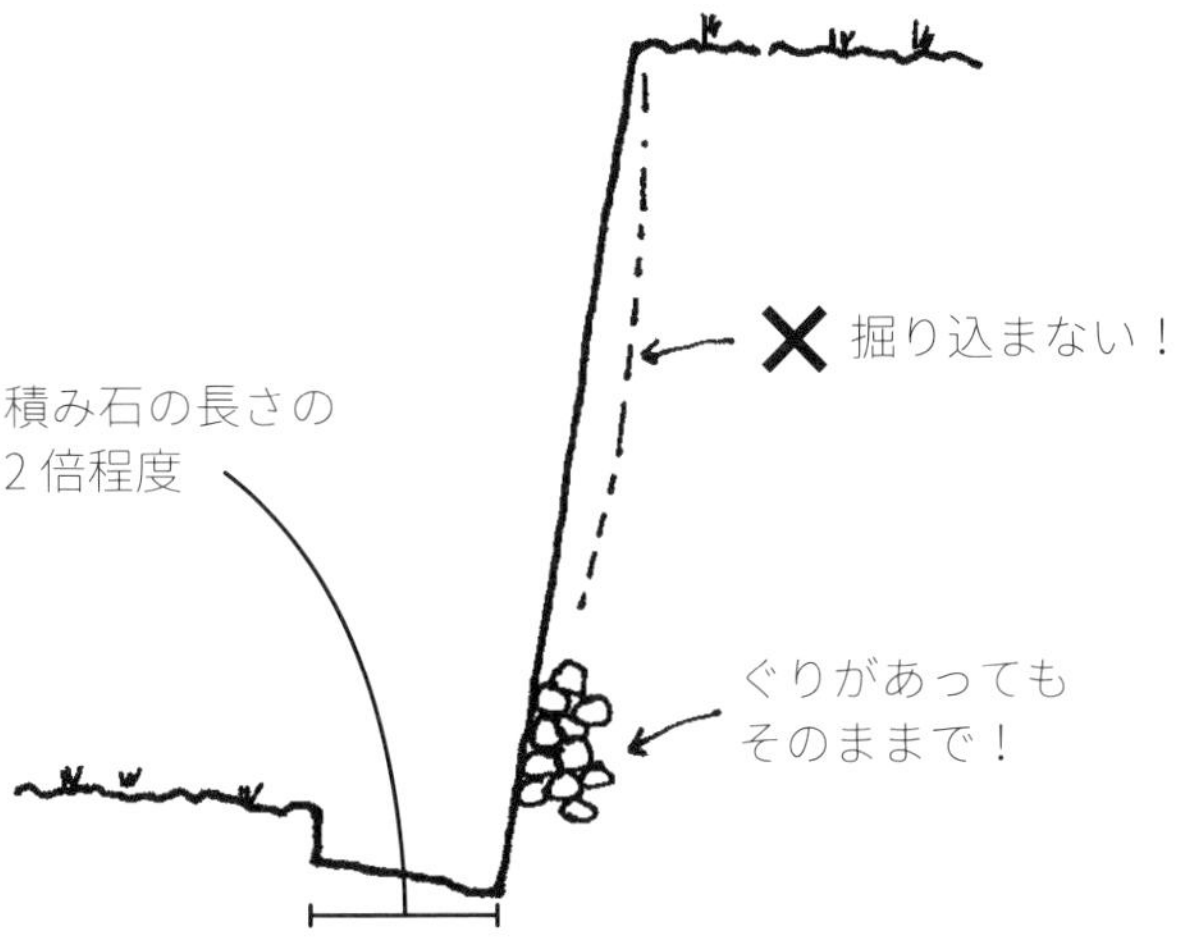

図3-1 床掘りのポイントは、土の壁を掘り込みすぎないこと！

がったときに積み石の奥に積み石と同じ奥行きのぐり石の層を作るためです。**図3-1**

ただし、背後が岩盤など水を含まないような地質であれば、ぐり石の層はもう少し薄くてもかまいません。つまり、掘り込む奥行は2倍程度より少なめでも大丈夫です。

やりがちな失敗例としては、土を掘り込みがちになることです。そうすると、土が上から崩れやすくなるだけでなく、あとで大量のぐり石が必要になってしまいます。余計に掘ると、それだけ大量にぐり石を必要とします。掘りすぎたからといって、土で埋め戻してしまうと、あとで締め固めても強度が弱くなり、積み石が動きやすくなってしまいます。そのため、結局は土ではなく、ぐり石を詰めることになります。貴重な石の節約のためにも、掘り込みすぎないようにしましょう。経験を重ねれば馴れてきますが、必要以上に土を掘り込まないように気をつけましょう。

手順05 古い石積みを崩す

崩し6割、積み4割

床掘りは、すでに積んである石や、もしくは崩れた土砂や土を、いったん取り除く作業です。これは崩す作業であると同時に〝次に積む作業のための材料を用意する〟作業でもあります。ですので大きさなどによって、石や土を分別しながら崩す必要があります。

床掘りは、積み直し作業全体の6割にもなると言われます。実際に積む作業よりも、崩す作業の方が仕事量としては多く、たいへんなのです。

崩す作業が大変だからといって重機を使ってしまうと、石の分別ができないので、その後の作業がもっと大変になります。ここはぐっとがまんして手作業で崩しましょう。ただし、このあとで説明する「根掘り（50ページ）」は、小型の重機で作業してもかまいません。

ここでしっかり石や土を分類しておかないと、次の作業の効率が格段に悪くなります。また、それぞれの材料を使いやすい場所に置いておくことも重要です。

崩すときは置き場所を決める

積み石・ぐり石・土に分けながら崩していきます。棚田、段畑などでは場所が狭いので、作業効率などを考えた置き場所を作ります。図3-2

石積みの上の方のぐり石や土は、上の農地に置け

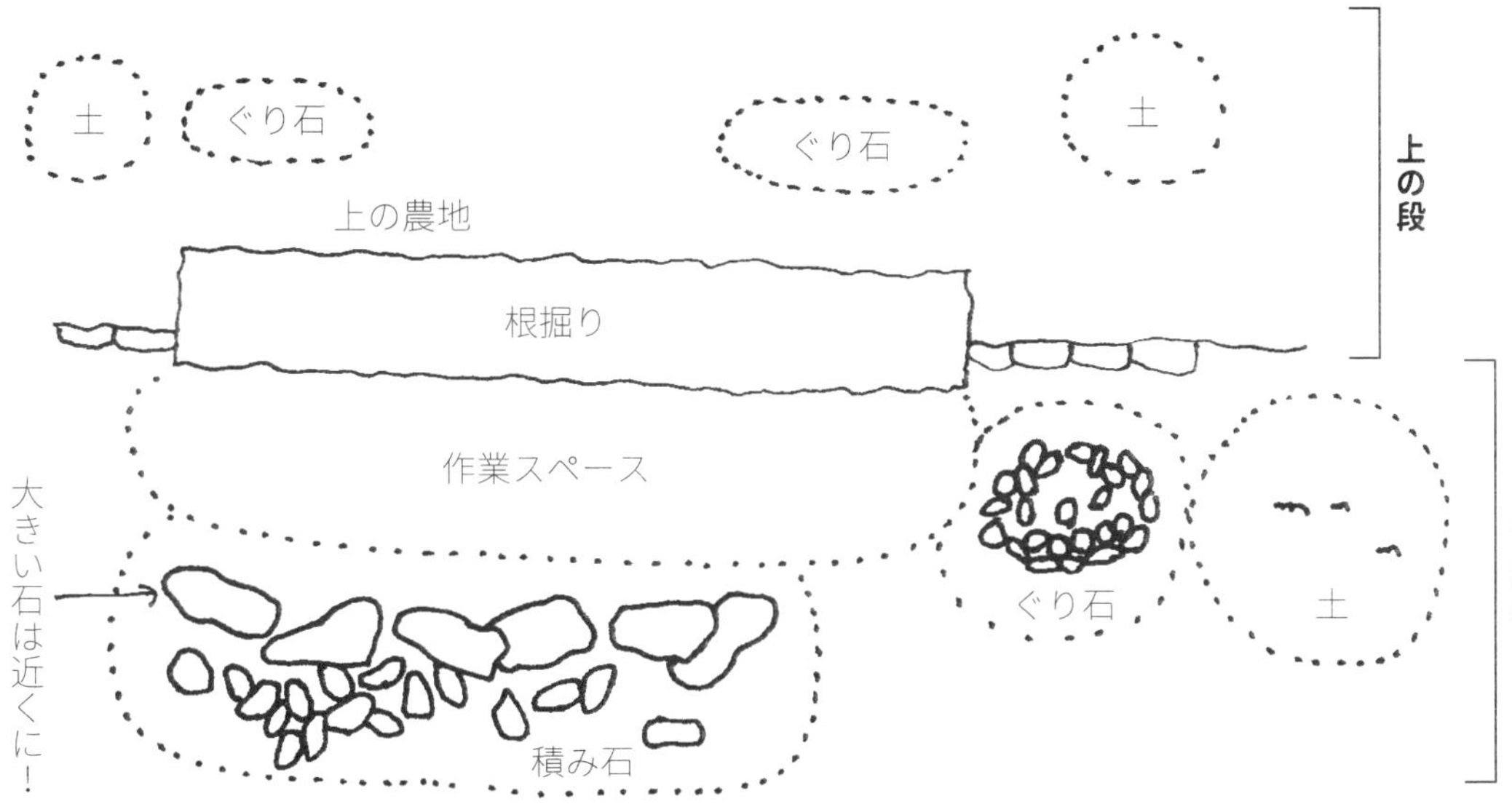

図3-2 石積みを崩すときの、積み石・ぐり石・土の置き場所の例（上から見た図）

るならば、上の方の石や土ははじめからそこに集めておくと、後の作業が省力化できます。

①積み石

積む場所の一番近くに置きます。その際、作業スペースを確保したうえで、大きいものはなるべく移動しなくてよいように手前に置きます。積む際は大きいものから積んでいくので、作業に入るとすぐに片づきます。

②ぐり石

積み石より、少し遠くに集めます。足りなくなることが多いので、面倒でも積み石や土としっかり区別しておくと、後の作業が楽になります。ぐり石と土をきれいに分けておけば、完成後に余った土は、畑や田んぼにそのまま戻すことができます。

③土

土は、仕上げまで使わないので、一番遠くに集めます。田んぼの場合は、畦の粘土質の土は仕上げに重要なので、別によけておきます。

手順
06
積み石とぐり石を分ける

現場の状況で判断する

積み石とぐり石は、基本的に大きさと形で分類します。大きめの石や細長い形状の石を「積み石」、それ以外の石を「ぐり石」にするという大まかな基準はありますが、実際には判断しにくいものです。

最初から積み石とぐり石の境界線がはっきりしていることはあまりありません。石積みを崩しながら分けていき、積む作業の最後の方で残りの石の量や状態を見ながら、積み石とぐり石を分ける基準を調節します。状況に応じて判断するのは頭を使いますが、そこが農地の石積みの面白さでもあります。

積み石とぐり石の違いは、初めての人には見分けにくいかもしれませんが、一度積むと段々わかってきます。まずは悩みながらでよいので、分別してみてください。

①中途半端な大きさの石

全体的に細長い石であれば、小口が小さくても積み石にできます。長さがないものは積みにくいので、無理に積み石にせず、ぐり石に使いましょう。

②サイコロ型の石、球型の石

この形の石は安定が悪いので、積み石がたくさんあればぐり石にします。ある程度の大きさがあれば、半分に割ってから積み石にするやりかたもあります。場所によってはこれらの形の石ばかりのところもあります。その場合は形に関係なく、大き目のものを積み石にするしかありません。勾配を緩めにしたり、裏にぐり石をきっちり入れたりして、強度を高めるように工夫します。

積み石とぐり石を大まかに分類しながら分けて置くのがコツ

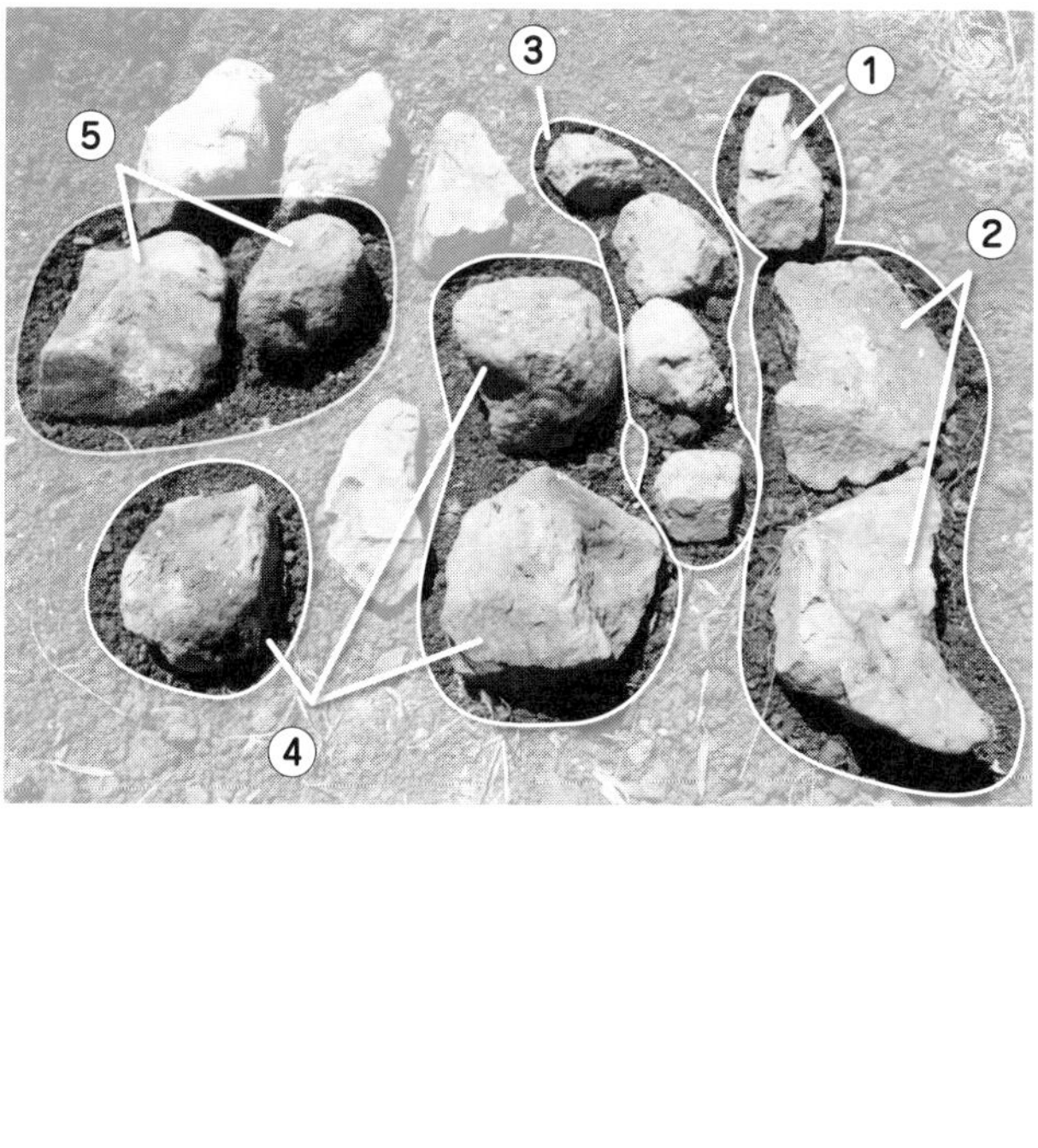

①通常はぐり石に。形（プロポーション）としては長細いが、長さがあまりないため。全体的にこうした石しかなければ、積み石に
②**積み石**に。長さがあり、積みやすい
③**ぐり石**に。小さいので
④大きさはあるが、ぐり石に。サイコロ状で積みにくいため。大きさがあれば半分に割るなどして、積み石にすることも
⑤基本はぐり石に。サイコロ状に近いが、少し長細かったり、平べったい形なので、よい形の石が少なければ積み石に

手順07 ぐり石と土を分ける

ぐり石の置きかた

ぐり石を置き場所に集めるときには、コツがあります。

平地であれば、ただ山にしていけばよいのですが、傾斜がある場所では単に山にして積んでしまうと、裾野が広がってしまい、ただでさえ狭い棚田、段畑などで場所をとってしまいます。下の道路やほかの人の敷地に転がっていくこともあり危険です。

ですので図3-3のように、ぐり石で土手を作りながら積み上げていくと場所をとりません。縁になる部分の石を内側に傾斜させて重ねていきます。縁になる石とその中に集めていく石の高さを同じくらいに保ちつつ積み上げていきます。

また、集めたぐり石を使うときは、積んだ山の裾野から取っていきます。ぐり石で土手を作っているならば反対側の斜面の上側から、また図3-4のようにただ山にして積んだ場合は、裾野から取ります。

中腹から取ると山裾の石を踏んでしまい、田んぼ

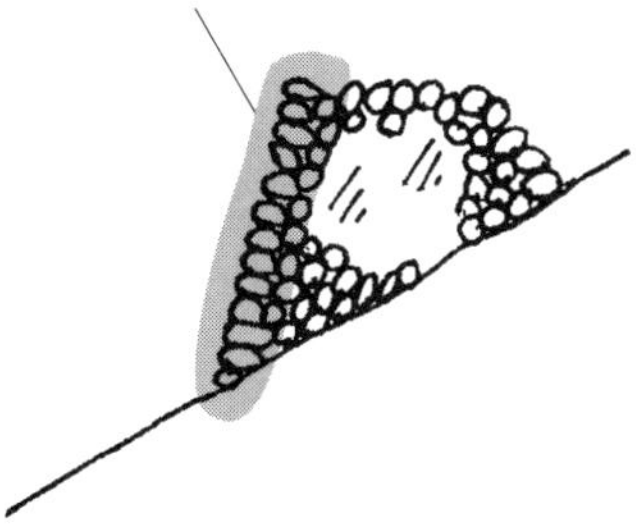

図3-3 斜面や狭い土地でのぐり石の積み方

図3-4 ぐり石は裾野から取る

や畑に石がめり込んでしまうからです。片付けのことまで気を配りながら、作業しましょう。

土の置きかた

土を置き場所に集めるときも、山にします。てみで運んだ土は山にザッとあけるのではなく、いったん宙に舞い上がらせ、山にふわっとかぶせるようにしましょう。石が残っていれば、表面に出てきます（〝粒径の大きいものが浮上する〟という法則があるからです）。

土の中にぐり石にできるものがあれば、拾い集めてぐり石の山に分けていきます。

集めた土を使うときは、ぐり石と同様、山の裾野から取っていくようにします。山頂や中腹からの方が土がたくさんあって取りやすそうですが、そうすると裾野の土を踏み固めてしまいます。

裾野から取ると山が自然に崩れてくるので、案外てみに入れやすいことにも気がつくでしょう。

山の上に向かって、てみの土を宙に舞い上げ、ぐり石と土を分ける

手順08 根掘りをする

根掘り作業のポイント

根石（一番下に置く比較的大きな石）を置く溝を掘る作業を「根掘り」と呼びます。図3-5

奥行き（d）は、根石の長さの2倍程度に掘り込みます。積み石の後ろにぐり石を入れるスペースを確保するためです。奥行きを減らすと、ぐり石を入れる時に作業がしにくくなってしまいます。

深さ（h）の手前部分は、根石が半分以上埋まる深さまで溝を掘ります。底面は、奥に向かって深くなるように、1割程度の傾斜をつけます（50㎝の奥行きなら、奥に向かって5㎝下がるくらい）。

さらにくち側の角（斜線部分）は、削り取らないようにします。いずれも少しでも強い地盤を残して、石が滑り出ないようにするためです。

溝を掘るときは、溝の延長上に向かって作業を進めます。土を手前（×の方向）からは掻き出さないようにしましょう。角がなくなってしまいますし、溝の真ん中だけを深く掘りがちになります。図3-6

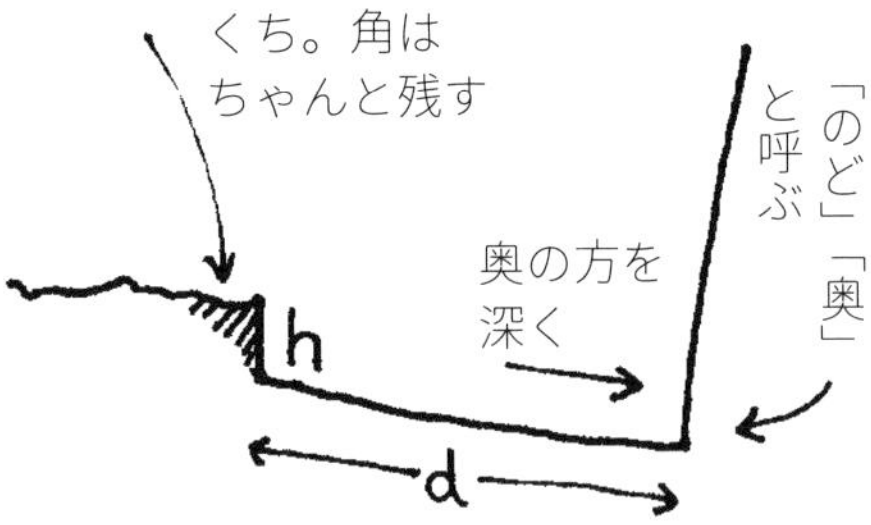

図3-5 溝の作り方

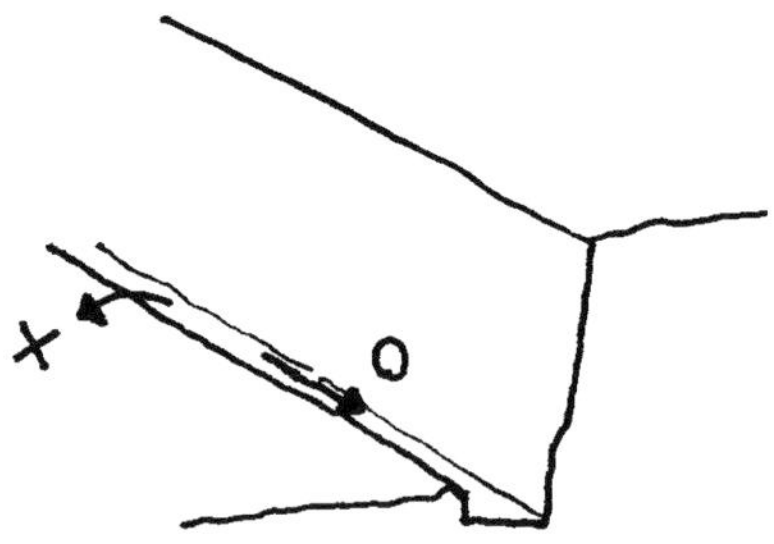

図3-6 溝を掘る方向

床掘りのコツ

「床掘り」とは、石積みの準備段階にあたる一連の作業です。この作業のコツを紹介します。

極意その1 材料は丁寧に分別するべし！

石を積む前の準備作業なので、「早く石を積んでみたい！」という人にとってはもどかしい作業でもあります。でも石を崩す作業は“次に積む材料を作る作業”でもあります。気が急くと、せっかくの作業がおろそかになりがち。

材料をきちんと用意することで後の作業効率が上がりますので、積み石・ぐり石・土をきちんと分別しながら崩すことを徹底してください。

極意その2 古い石積みは、丁寧に外すべし！

古い石積みの土や石を、いっぺんにごっそり崩しておき、それを後で拾えばいいと考える人もいるかもしれません。そうすると足元にたまった土を踏み固めてしまい、基準となる元の地盤の高さがわからなくなります。結果、どのくらいの深さまで溝を掘ればよいかわからず困ってしまいます。焦りは禁物。石を一つひとつ外し、土をてみで集めながら、丁寧に崩していきましょう。

極意その3 道具を使いこなすべし！

道具を適切に使うと、床掘りの作業効率が格段に上がります。人手が多くある場合には、道具ごとに作業分担をすることもできます。

① 古い石積みの石は周りが土で固まっていることがあります。短めの「しょうせん」で、てこの原理を使って動かすと簡単に外せます。

② 積み石を外すと土の壁が見えてきます。古い石積みでは土とぐり石が混ざっていますので、「ツル」でそれをほぐします。そこからぐり石を手で拾って「てみ」に入れ、残った土を「ミニ熊手」で掻き集めます。

③ 土があまりなく、ぐり石の割合が多めのときは、「ミニ熊手」で石を転がすようにして「てみ」に入れると、石だけが集められます。

④ ある程度、土の壁ができたら、壁の面をまっすぐ下に掘り下げる必要があります。ここで使うのが「しょうせん」です。掘りたいところに上から落としこむようにして刺すと、垂直な壁を作ることができます。「ツル」でこれをするのは難しいです。振るタイプの道具は、どうしても円弧を描くように掘れてしまうからです。

⑤ 最後に溝を掘るときはまず「ツル」で土をほぐし、「じょれん」や「かき板」で土を掻き集め、「てみ」に入れます。

Q1 坂道などの斜面での溝の作りかたは？

A1 現在の公共工事では、根掘りの溝を水平に作り、それを階段状にします。

ですがこの空石積みでは、斜面にそって傾斜をつけた溝を作ります。根石もそれに応じて斜めに置きます。

Q2 溝を掘りすぎてしまいました。どうしたらいいでしょう？

A2 溝を掘り過ぎてしまったり、じゃまな石を取り除いたりしたら、その周囲をゆるく掘ることで土をならし、全体的になだらかな面ができるようにしましょう。穴が開いたからといって土で埋め戻してはダメ！ **図3-7**

一回掘り起こしてしまった土は、たとえ後で圧をかけて締め固めても、土は柔らかくなっています。ここに根石をのせても、いずれは石が沈み、石積みが崩れやすくなる原因になります。

周囲に土を入れて埋め戻すのではなく、想定していた底面の高さまで、ゆるやかに擦りつけてください。

Q3 溝を掘っていたら大きな石が。取り除かないとダメですか？

A3 掘り出すのが基本ですが、土で埋め戻さないようにだけ気をつけてください。玄翁で叩いても周囲の土が振動しない場合は、大きな石ということ。掘り出すのは難しいでしょう。**図3-8** **図3-9**

溝に置く根石が後ろに傾くことが重要なので、奥にある石、溝の真ん中にある石は、積み石のじゃまになります。取り除けない場合でも、玄翁で削るなどして根石が後ろに傾くようにしましょう。

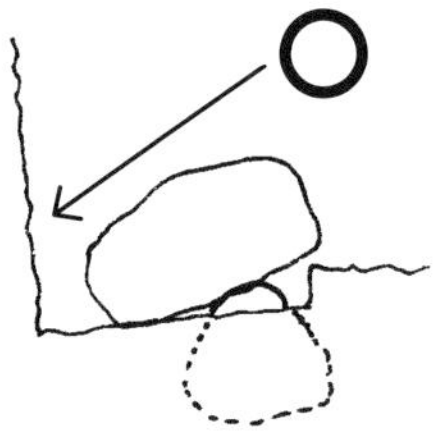

図3-8 床掘りの溝の手前ならば、大きな石はそのまま置いておいてもかまわない

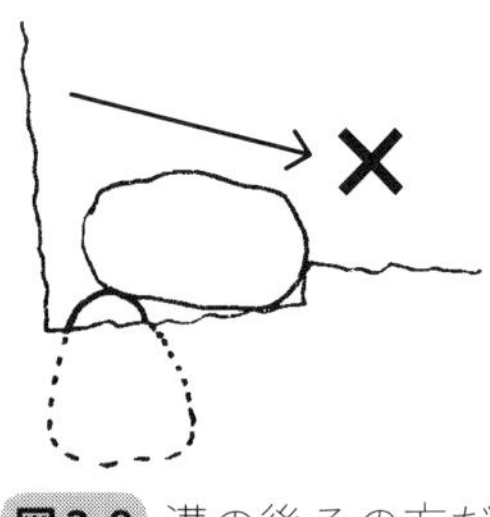

図3-9 溝の後ろの方だと根石が前を向いてしまうので、玄翁で削るなどして、根石が後ろに傾くようにする

図3-7

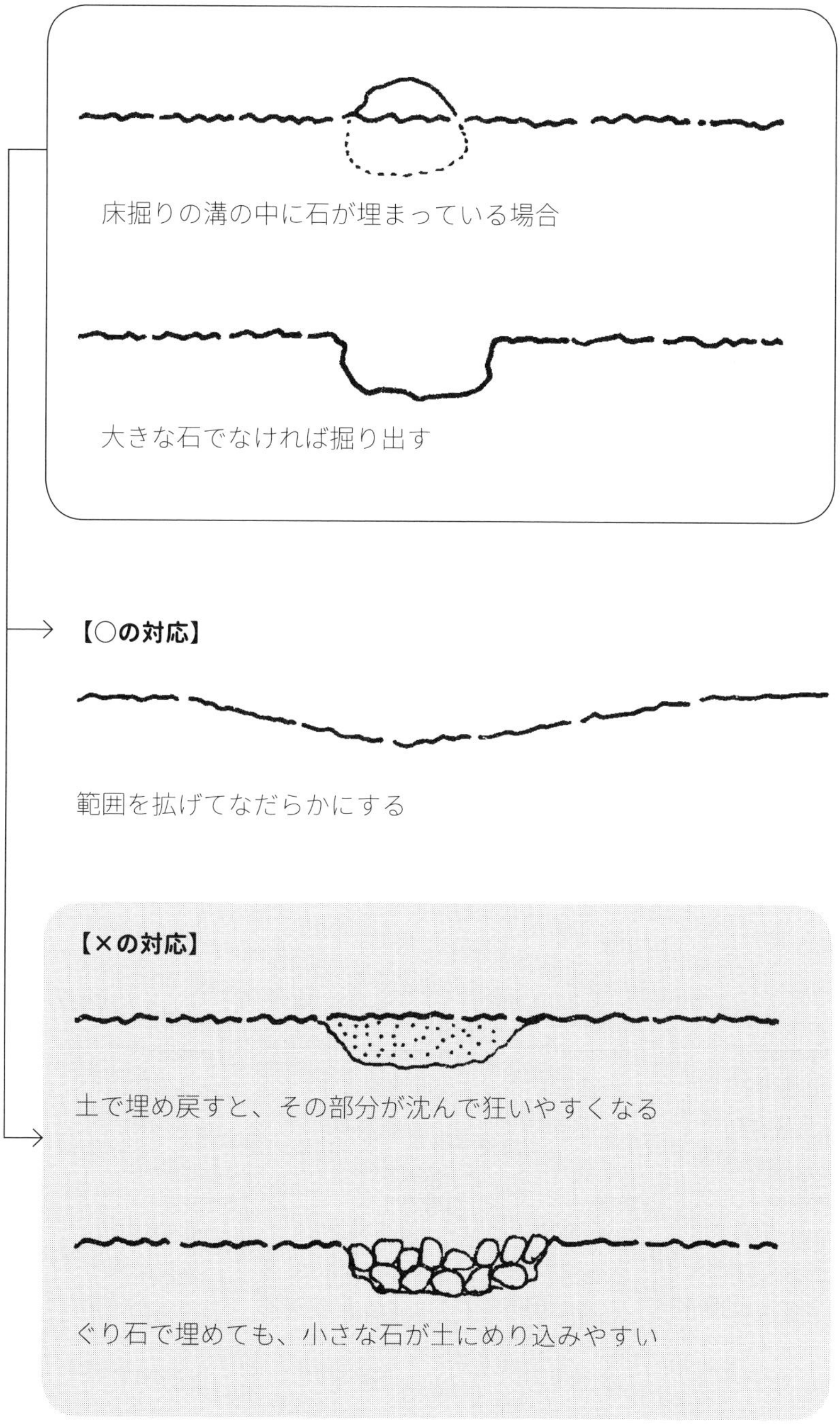
床掘りの溝の中に石が埋まっている場合
大きな石でなければ掘り出す
【○の対応】
範囲を拡げてなだらかにする
【×の対応】
土で埋め戻すと、その部分が沈んで狂いやすくなる
ぐり石で埋めても、小さな石が土にめり込みやすい

Q4 床掘りの最中に土壁が崩れてしまったらどう対処しますか？

A4 床掘りの途中で土壁が大きく崩れてしまった場合や、土砂崩れなどで地盤が大きくえぐれてしまった場合など、土壁が崩れてしまうことはしばしばあります。そんなとき、石積みの修復をどのように進めればよいか、4つの方法を紹介します。

①ぐり石を詰める 図3-10

ぐり石が大量に用意できるならば、えぐれたところにも、大量のぐり石を詰めます。表面の土以外はぐり石が入っているので、一番頑丈な石積みができます。

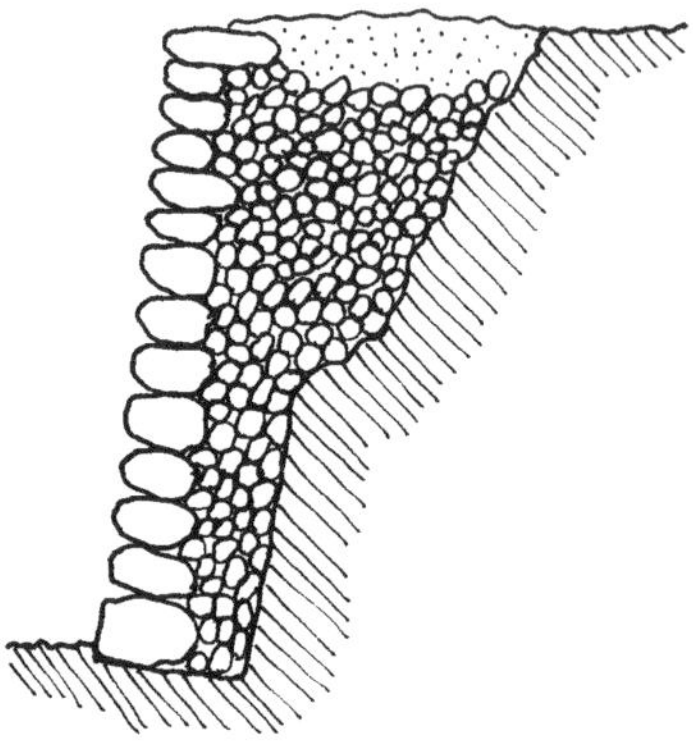
表面以外は
ぐり石を入れる

図3-10

②土を入れて締め固める 図3-11

ぐり石が大量に手に入らない場合に使える方法です。

最低限必要な奥行きの分だけぐり石を詰めたら、その奥には土を入れます。土はしっかりと締め固め（転圧し）て、崩れにくいようにします。

ただし土の転圧が緩いと、時間の経過とともに土が沈んでしまいます。そうすると、石積みが後ろに倒れてしまい、崩れやすくなります。

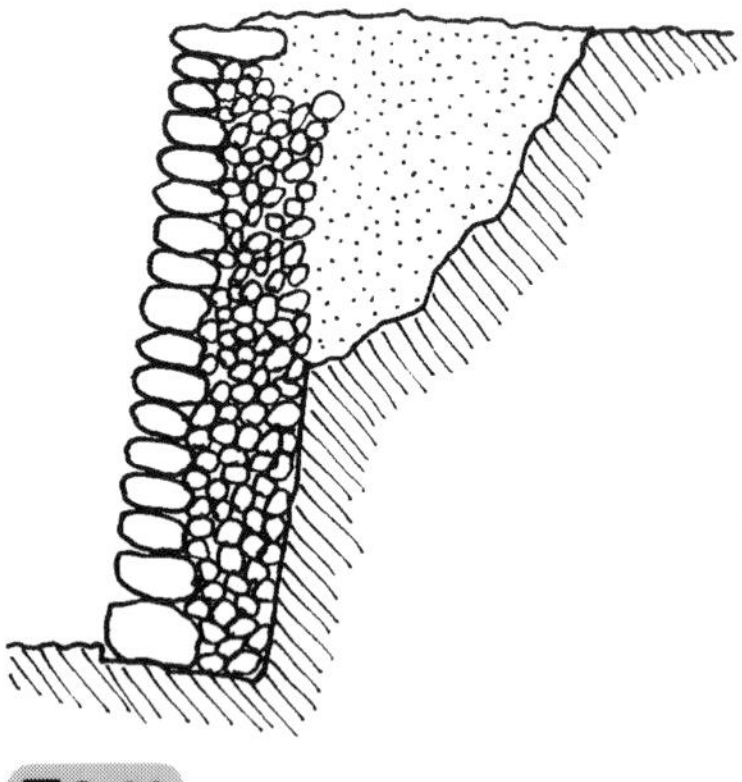
土を入れて
締め固める

図3-11

③壁を寝かせた状態で積む 図3-12

地盤が崩れた面に合わせて、擁壁の勾配を緩くして石を積みます。土壁がえぐれた分だけ、壁を寝かせた状態にすることで、構造的にも安定します。ぐり石も少なくてすむ方法です。ただし、擁壁面が引っ込んでしまうので、見栄えが悪くなるのが欠点です。さらに寝かせた分だけ、上の農地も減ってしまいます。このとき、崩れた面に合わせて上だけ勾配を緩くすると、上の石（図3-13の★）が下の石を押し出すような力が働き、崩れる原因になります。

④独立壁を作る 図3-14

崩れたところを、独立壁にします。壁が自立するので、背後の土の沈みの影響を受けません。ただし、積み石を余分に用意する必要があります。ヨーロッパの段畑などでよく見られるやりかたです（独立壁の作りかたは56ページコラム参照）。

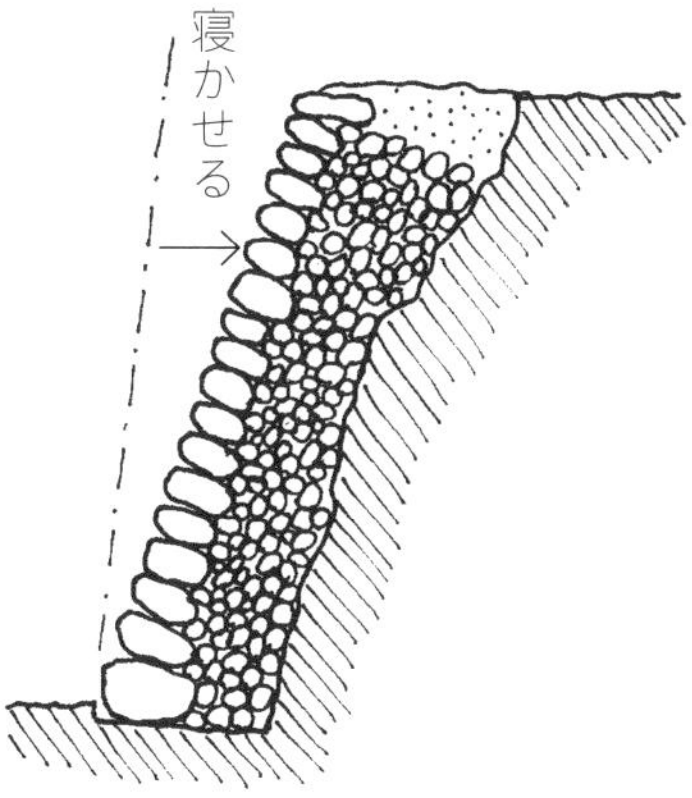

図3-12

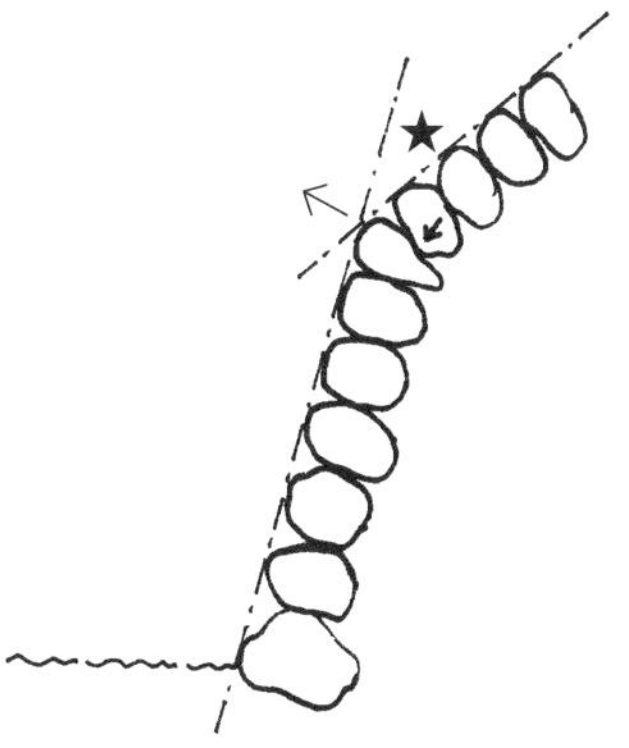

図3-13 崩れる原因になる悪い例

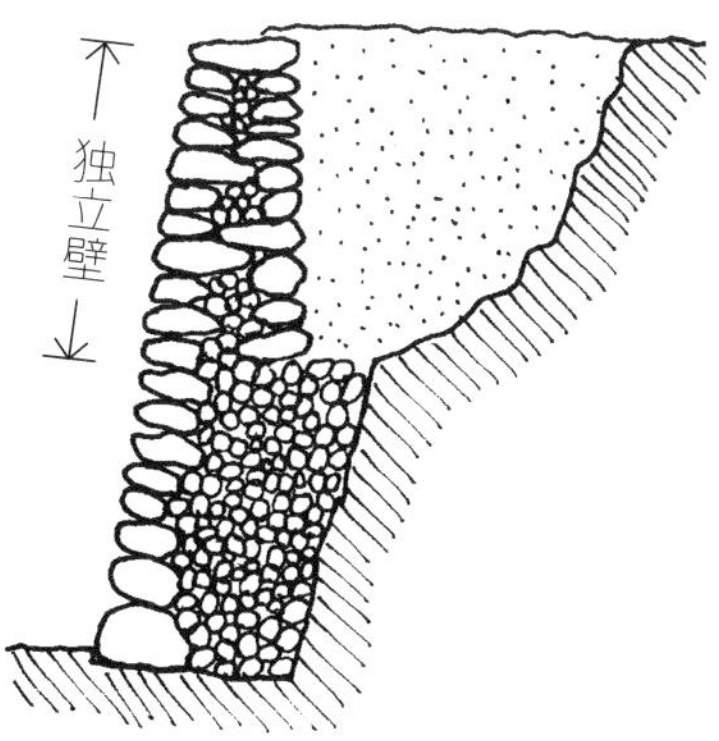

図3-14

応用編1　独立壁の作りかた

土壁が大きく崩れてしまったところは、「独立壁」を作る方法で直すこともできます。ヨーロッパでは岩盤の斜面など土のないところに独立壁を作り、プール状の段にしたところに土を運び入れ、段畑を作ることもあります。独立壁の作りかたは、家の塀の修復にも使える方法です。

この独立壁は「ダブルファサード」（表側と裏側の積み石がある）と呼ばれています。作りかたの基本は擁壁と同じ要領で、それを両面から積んでいきます。ポイントは、2面の擁壁がところどころでつながるように積み石を入れ、二つの面が分離してしまわないようにすることです。

・二つの面を一つの石でつなげる（図3-15のA）
・二つの石を重ねて二つの面をつなげる（図3-15のBとC）

といった部分を、1㎡あたり1～2カ所作ります。

図3-15

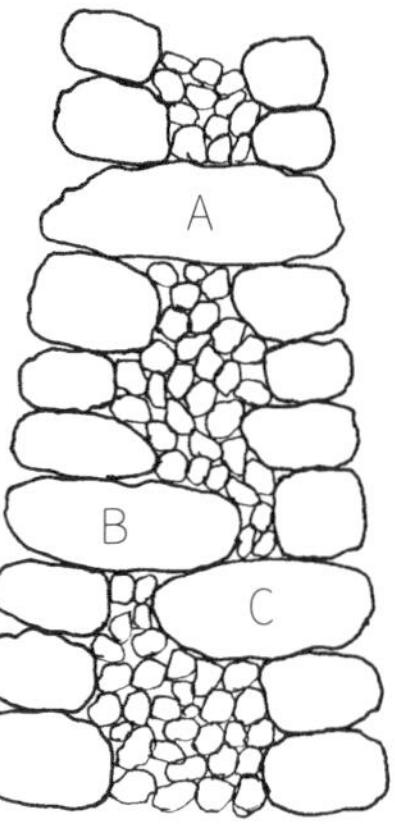

4

石を置く・積む

手順09 根石を置く

根石の置きかた

　ここからいよいよ、石を積む作業にはいります。根石の置きかた、積みかたのルールなどを説明していきます。

　本書で紹介する石積みは〝空石積み〟といい、モルタルなどを使用しません。ばらばらの石が一つの壁を作り、それが全体で土を押さえる構造になっています。ですので、石と石の力のかかりかたに加え、「それぞれの石が背後の土に力をかけている」状態を作ることが大切です。

　根石は、比較的大きな石を選びます。でこぼこしている、あるいは全体の形が丸っこい石などは2段目以降では使いにくいので、根石にするとよいでしょう。並べるときは、石どうしの隙間が空かないように隣どうしの石をくっつけて並べます。でこぼこしている石は、その面が下に向くようにして置いていきます。

　根石の置きかたのポイントを4つ挙げます。

①石と溝の面をそろえる

　根石の面と溝の前側とをそろえます。こうすることで擁壁の下の線がきれいにそろい、仕上がりがきれいになります。図4-1左
　ただしそのためには、下側が飛び出している石の場合、少し前にずらす必要があります。石の下の部分は溝に埋めるので、下の部分が飛び出している石は、地上から見ると積み石の前側と溝の前側が揃わず、奥まっているように見えてしまうからです。

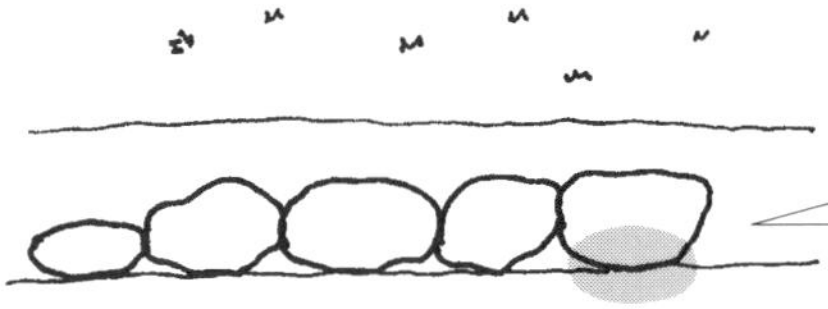

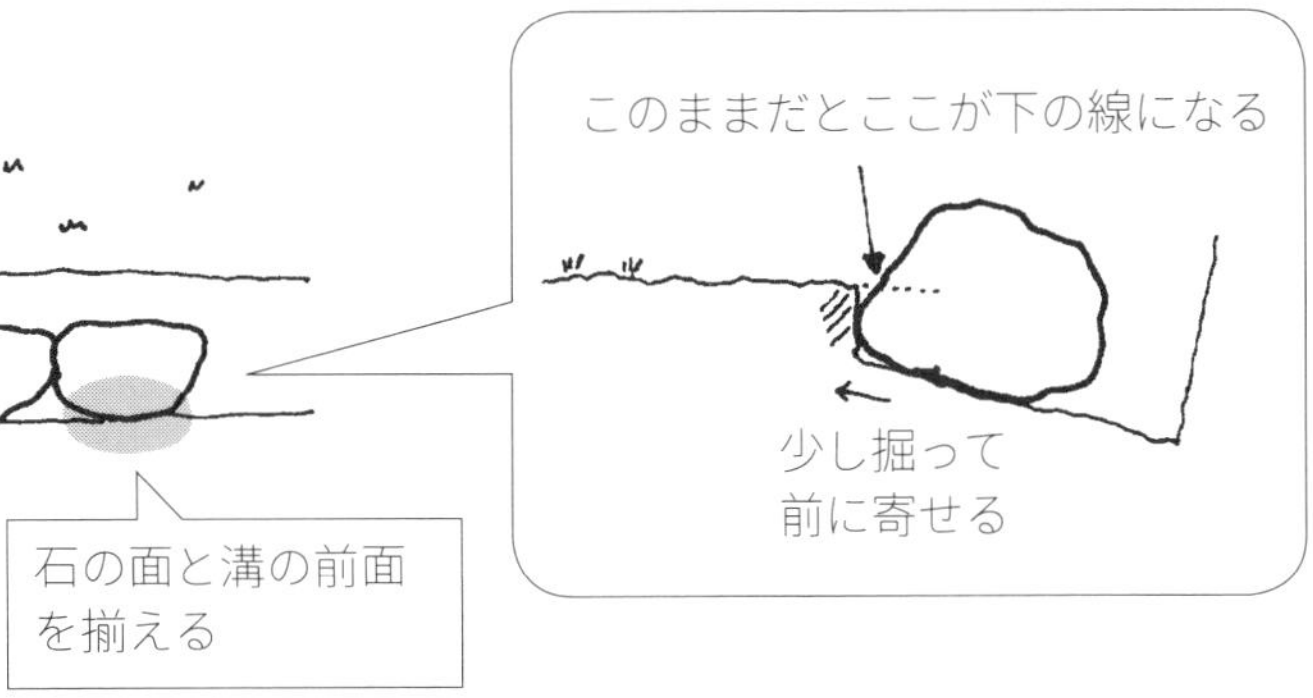

このままだとここが下の線になる
少し掘って
前に寄せる
石の面と溝の前面
を揃える

図4-1 置いた根石を上から見た図

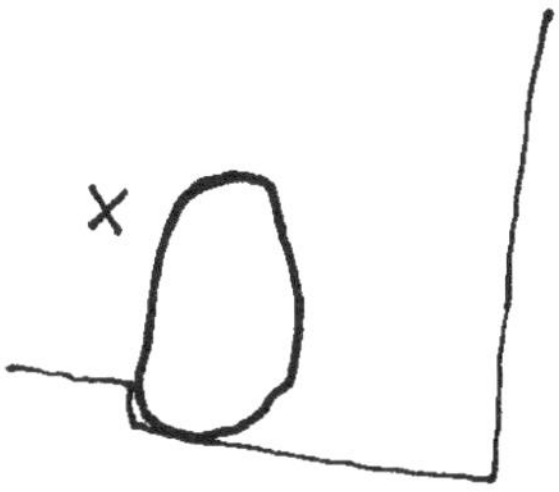

×

図4-3 根石は立てて使わない

図4-2 根石の荷重は奥に行くように！

この場合は、土を埋め戻したときにできる線の位置を考え、その分、溝を前に掘り進め、石を前側にずらして置きます。図4-1右

②石の荷重は後方に

根石は、奥に向かって傾くように置きます。根石が前に滑り出してこないようにするためです。根掘りで溝の底面にしっかりと傾斜がついていれば、石の荷重は自然に奥側にかかることが多いです。石の形によって前かがみになることがあるので、気をつけます。図4-2

③石は立てない

石は立てて使わない（縦に長く置かない）ようにします。一つの石で面積が稼げて効率的に積めるため、昔の石積みではこのような使いかたをしていることがあります。ですが、少ない面積に荷重がかかるため石が沈みやすくなり、石積みが崩れる原因になります（31ページの図2-5にも同様の例があります）。図4-3

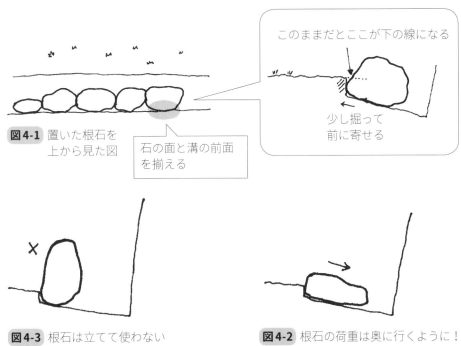

図4-4 根石を正面から（壁に正対して）見た図。隣り合う根石の高さを変える

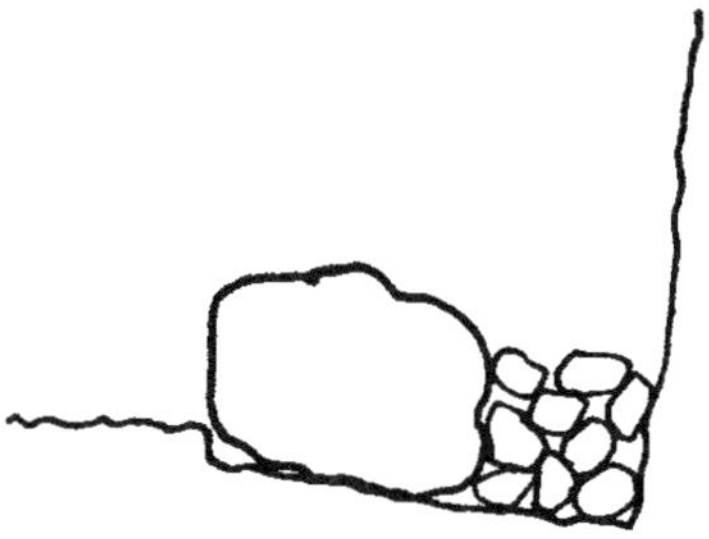

図4-5 根石の裏にはぐり石を入れる

ぐり石を入れて根石を固定する。矢印の石が水糸（目印の糸）より出ているのは、下の出っぱった部分を埋めることを想定している

④隣り合う根石の高さを変える

２段目からは石を斜めに置く（擁壁を正面から見たときに、積み石が45度くらい傾いている）のが理想的な置きかたになります。それを見越して、２段目以降を積みやすくするために、隣り合う根石の高さを変えながら、石を置いていくと、積みやすくなります。**図4-4**

通常は、根石を置いたら後ろにずれないように、裏にぐり石を入れていきます。**図4-5**

水路の石積みでは、根石が沈まないような処理が必要になる

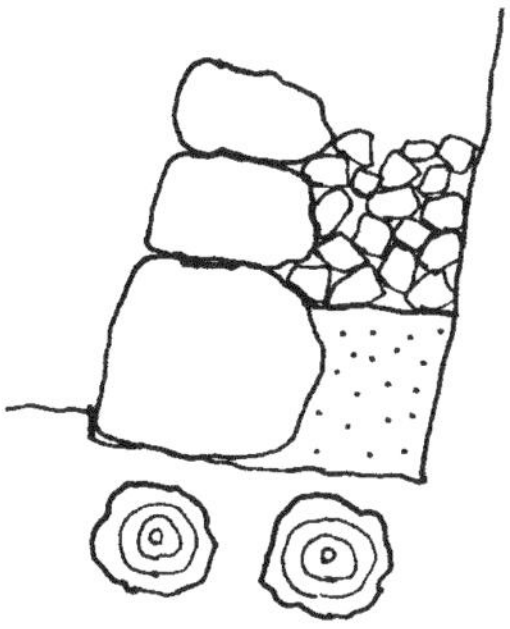

図4-7 土台に松の木を入れる（断面図）

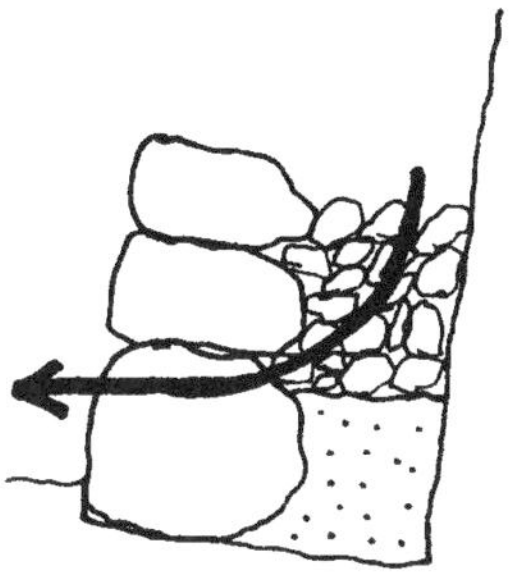

図4-6 根石の後ろに土を入れて固める（断面図）

水分が多い土地の根石の置きかた

水路の壁などに石積みをするときは、根石が沈まないように以下の処理をします。

①根石の後ろに土を入れて固める

根石の後ろに土を入れ、しっかりとかけやなどで転圧をしてからぐり石を入れます。根石の下に水がたまると根石が沈む可能性があるので、ぐり石を伝った水が、根石の上を抜けるようにします。**図4-6**

②土台に松の木を入れる

かなり水分が多い土地の場合は根掘り作業のときに、通常よりさらに深く掘り下げ、松の丸太（胴木）を1～3本並べます。

胴木がないと一つひとつの石がばらばらに沈み、「踊る」ような状態になりますが、胴木があることで上からの力が均等にかかります。たとえ根石が沈んでも均等に沈み、石積みが崩れにくくなります。

松は空気に触れなければ腐ることはありません。松を選ぶこと、空気に触れないように土にしっかり埋めることが重要です。**図4-7**

手順10

2段目以降を積む

先が尖っていても顔になる。
全体の形を見て判断する

石の〝顔〟を見立てる

根石を置いた後、積み石とぐり石を積んでいきます。石を四角錐台に見立てたときの太い方を「顔」と呼びます。この顔が、石垣の手前側（擁壁面側）に来るよう積んでいきます。図4-8

このとき、石の奥行きを「控え長」と言います。控え長が長いほど、強度が増します。

顔は、石が尖っているか、平らかということにとらわれず、全体の形を見るようにしましょう。石の顔の見立てかたをいくつかの石を例にあげてみます。

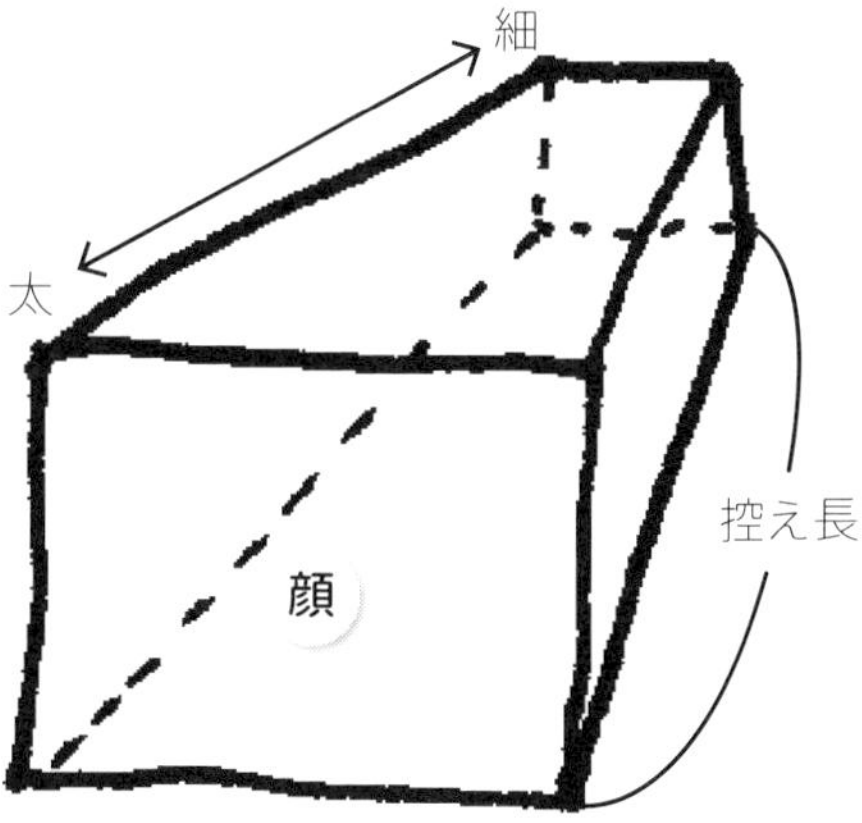

図4-8 顔を表側にして積む

石を積む際の三つのルール

2段目以降を積む際には基本があります。何があっても、この3点をおろそかにしてはいけません。ほかにも細かい注意事項はありますが、もっとも大事な基本です。

①荷重を奥にかける

擁壁の面に対して、直角になるように積み石を置くのが理想です。図4-9

②積み石を置いたら、すぐにぐり石を入れる

積み石は奥に傾けて置くので、ぐり石をすぐに入れないと、積み石がずれてしまいます。ぐり石を入れる目安は、次の積み石を置くときに邪魔にならない高さまでとします。図4-10

③二つ以上の石に荷重がかかるように乗せる

重ね餅のように、一つの石だけに重さがかかるように積むと、強度が弱まりくずれやすくなってしまいます。二つ以上の石に重さがかかるように、積み石を置きましょう。図4-11

Aの石を置くときは、最低二つの石（図4-12の＊）に荷重がかかるように積みます。

石積みを少し知っている方なら「3点つける」という話を聞いたことがあるかもしれません。二つの石（図4-12の＊）のほかに、隣の石（図4-12の★）につくように置くと、それが3点目になります。

できれば石が3点で接するように置くのが理想ですが、これにこだわるあまり、もっとも大切な「石が奥に傾くこと」がおろそかになることがよくあります。3点目は難しければあきらめてもかまいません。最低2点で接していれば、さらに次の石（Bの石）を積むことで、3点目の接点ができるからです。

積むときの四つのポイント

①大きい石から小さい石へ！

大きな石から先に置いていきます。上に行くほど小さな石になるようにすると、構造が安定します。石を持ち上げる労力も節約できます。図4-13

②石は長い方を奥行きに！

石の奥行きを〝控え長〟といいます。控え長が長

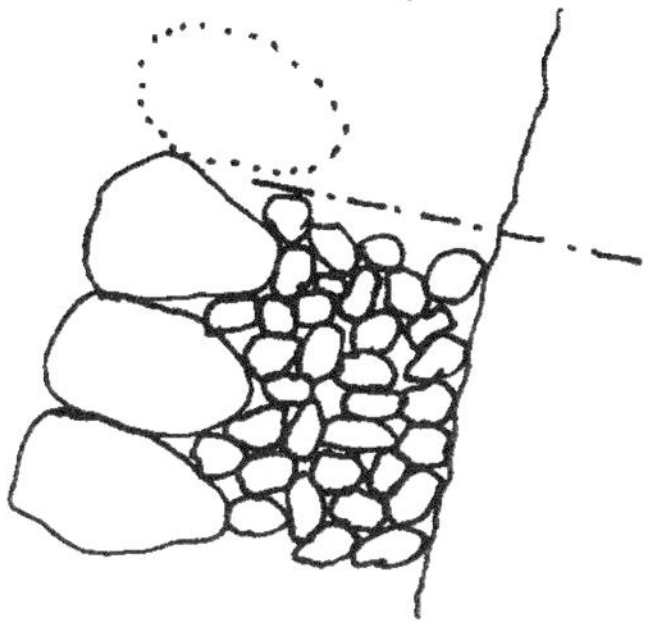

図4-10 次の石のじゃまにならない高さまでぐり石を入れる

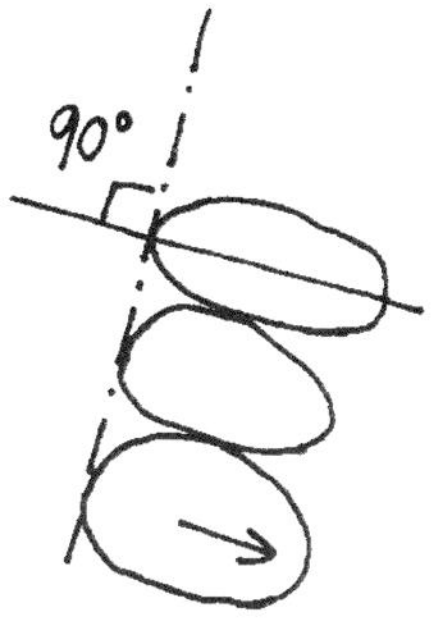

図4-9 断面図。荷重が奥にかかるように置く

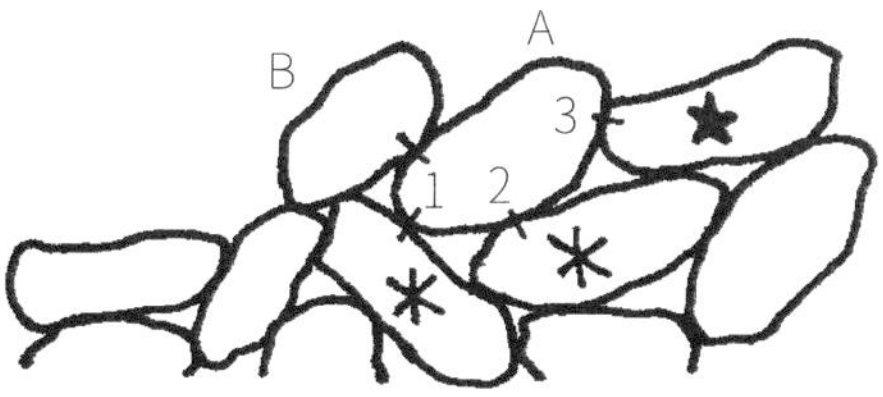

図4-12 できれば3点で接するように置くのが理想

図4-11 最低二つの石に荷重がかかるように置く

最低二つ以上の石に荷重がかかるようにする

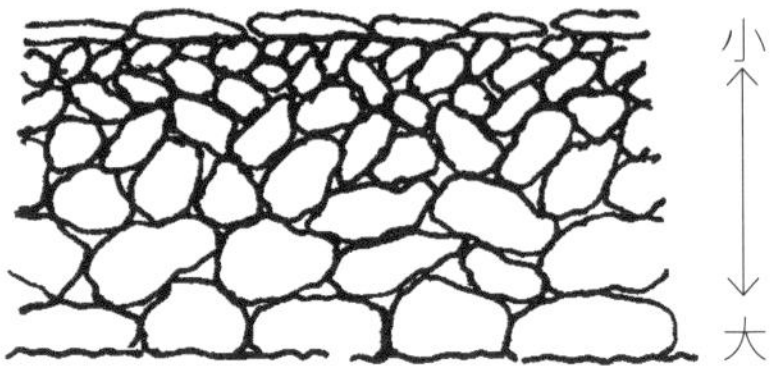

図4-13 大きい石→小さい石になるように積む

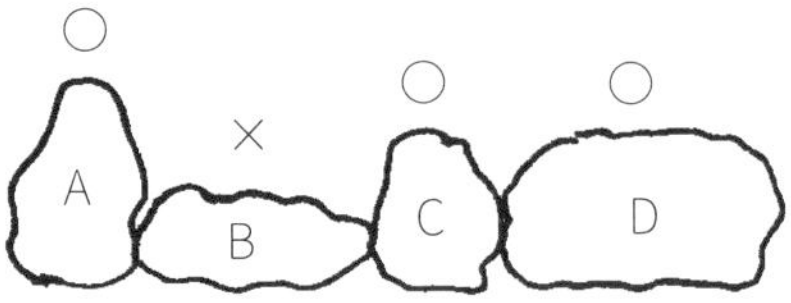

図4-14 上から見た図。石は長い方を奥行きに

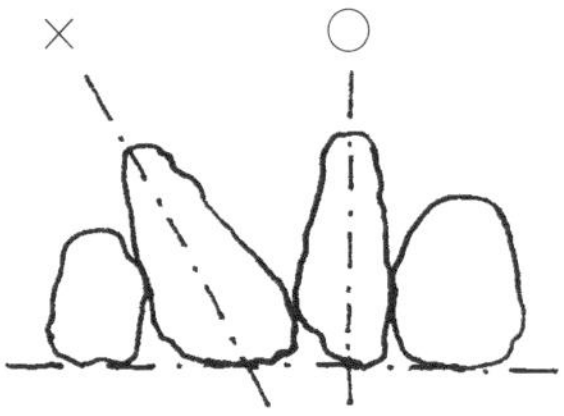

図4-15 上から見た図。石の顔が前になるように！

図4-16 正面から見た図。積み石は斜めに置く

い方が強い擁壁ができるので、石の長い方を奥行きにします。

AやCの置きかたが基本で、Bのような石は90度回転させて使います。Dのように、横にしてもほかの石と同様の奥行きがとれるならば、横に向けても大丈夫です。図4-14

③まっすぐ素直に置く！

顔が斜めになっているとつい、石を斜めに置きたくなりますが、顔は前にさえあれば大丈夫。擁壁面に対して直角になるように、石を置くよう心がけましょう。図4-15

④積み石は斜めに！

平たいタイプの積み石は、正面から見たときに45度くらいの傾きを持つように置きます。図4-16

右上がり、左上がりをバランス良く持ってくると、時間が経つにつれ石積みがバランスよく締まり、さらに強固な擁壁になります。

石の隙間の扱いかた

農地の石積みでは、石の隙間をなくすために形を整える必要はありません。隙間と構造的な強さには、あまり関係がないからです。ですから、石と石との間にある程度の隙間ができていても、あまり気にしなくても大丈夫です。

慣れてくれば、隙間を埋めたければそうなるように整形したりして、好みに応じて積めばよいですが、慣れるまではむしろ、そこは気にしないほうがよいでしょう。

隙間を埋めようとするあまり石の傾きがおろそかになり、石が前かがみになるように積んでしまったり、隙間に合う小さい石を入れてしまい禁忌事項の「四つ巻き（73ページ）」ができてしまったりすることがよくあります。まずは「石を積む際の三つのルール（64ページ）」だけを気にしながら積むことが先決です。図4-17

ただし石の尖ったところどうしだけで接している場合は、そこが壊れると石がずれ、全体的に崩れやすくなってきます。この場合は、図の斜線のあたりを玄翁で叩いて削《はつ》り、接している部分を増やします。図4-18

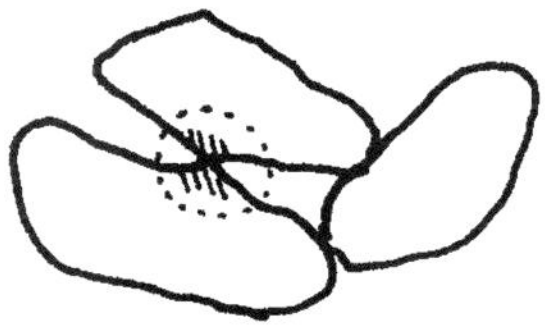
尖っているところを削る

図4-18 正面から見た図

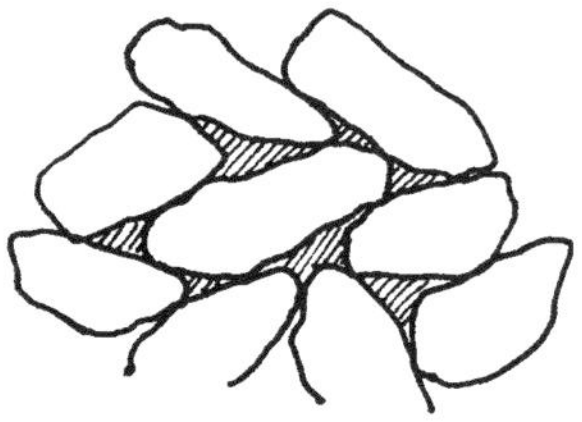
隙間はあってもよい

図4-17 正面から見た図

手順11 ぐり石の入れかた

ぐり石の詰めかたには2種類ある

積み石は奥に傾けて積むので、そのままだと奥にずれます。それを防ぐために、ぐり石は、石を1段積んだらそのつど入れていきます。そのやりかたには、二段階あります。

①積み石を固定させるためのぐり石

積み石を一つ置いたら、後ろにずれないように、左右に動かないように、周囲の積み石との隙間にぐり石をいくつか、丁寧に詰めていきます。積み石どうしがきっちりとかみ合っているなら、ぐり石を少しくらい省略しても問題はあまりないようです。

積み石を固定するための、こうしたぐり石を「胴《どう》飼《がい》」「艫飼《ともがい》」と言います。左右にずれないように横から入れる場合には、次の石を積むときに邪魔にならないような位置、大きさであることに気をつける必要があります。

②排水層を作るためのぐり石

積み石が固定できたら、てみに入れておいたぐり石を、ザザッと放り込みます。これは排水層になると同時に、積み石を固定させるための〝丁寧に詰めたぐり石〟を、さらに固定する役割もあります。

積むのに集中するあまり、ぐり石を入れ忘れる人がいます。ですが、ぐり石を入れないまま積むと石を水平に置きがちになり、弱い石積みができる原因になります。

積み石で背後の土を抑えていることを意識しながら、石の傾きを忘れず、ぐり石で支えながら1段ずつ積んでいってください。

積み石を固定させるために、ぐり石を入れる

積み石が固定できたら、てみでぐり石を入れる

ぐり石を入れるときのコツ

ぐり石は「てみ」に集めておきましょう。ぐり石を入れるときには、てみを勢いよく前に突き出した後、すぐにてみを引き、投げ入れるようにします。そうすると、ぐり石が奥まできっちりと入りやすくなります。

複数人で作業するときは、人数や作業場の状況によって作業分担を工夫してください。

①積む人
②ぐり石を集める人
③ぐり石の入ったてみを運ぶ人

などに役割分担をすると効率が上がります。

実際にはさらに、

④できるだけ大きな積み石を選び、①の人の近くまで運ぶ

という役割があります。③と④を兼務することも多いです。②と③を兼務するのではなく、③と④を兼務することで、立ったり座ったりする回数が減り、疲労の原因を減らせます。

目指す方向性は、なるべく動かなくてすむように役割分担することです。移動する距離が増えれば、それだけ体力を無駄に消耗しますし、移動が多いと農地を踏み固めてしまうことにもなります。

作業場は崩した石が山になっていたりするので、その上を何度も行き来するほど、転倒したり足をくじいたりする危険性も増してしまいます。

ぐり石を集める人、運ぶ人などに役割分担すると、作業効率が上がる

「休み」にまつわるエトセトラ

休憩のタイミング

床掘り・根掘りといった作業を始めたあたりこそ、こまめに休憩をとる必要があります。作業の最初は力が出にくいので、作業開始後は30分に1回の休憩が目安です。ペースがのってくれば、その波にのって作業を続けても、疲れは少なくてすみます。最後まで持続的に作業するための、先人の知恵です。

休憩中の道具の置き場所

床掘り中に土の壁がむき出しになっている状態は、崩れやすいもの。いつ崩れても作業が中断しないように、注意が必要です。

そのため、休憩中は道具を土の壁から離して置くようにします。でないと、もし土壁が崩れてしまうと道具が埋もれてしまい、手で掘り出す羽目になります。これもまた、先人の知恵です。

夜、雨が降りそうなときは…

土の壁は、雨を含むとさらに崩れやすくなります。作業途中で雨が降ったとき、または夜の間に雨が降りそうなときには、ビニールシートで作業場を覆っておきます。

作業の始まりこそ、こまめな休憩が大切！

Q1 避けたい積みかたはありますか？

A1 構造的に弱くなるので避けたほうがよい積みかたがいくつかあります。「石を積む際の三つのルール」(64ページ) にあるような基本的なルールを守ったとしても、「たて石 図4-19」以外はやってしまうことがよくあります。ただしそれがすぐに、石積みの崩壊につながるわけではありません（「たて石」は別ですが）。

もっとも大切な「積み石は奥に傾ける」というルールを厳密に守れば、ここで示した避けたい積みかたはそれほど大きな問題にはなりません。間違ったところから2～3段くらいしか積んでいなければ、そこまで戻ってやり直した方がよいですが、たくさん積んだ後であればあきらめた方がよいと思います。

予防策としては、積みながらたまに何歩か下がってみて、積んだところを眺めてみると、早めに間違いに気づくことができます。積み終わった後にも全体を眺め、こうした避けたい積みかたをしていないかを確認することが、技術の上達につながります。

たて石（断面図、これ以外は正面図）

★のように石を立てて使う積みかた。ズレやすく、崩れる原因になります。面積が稼げるので古い石積みにたまに見られますが、修復の際には改善しておきましょう。

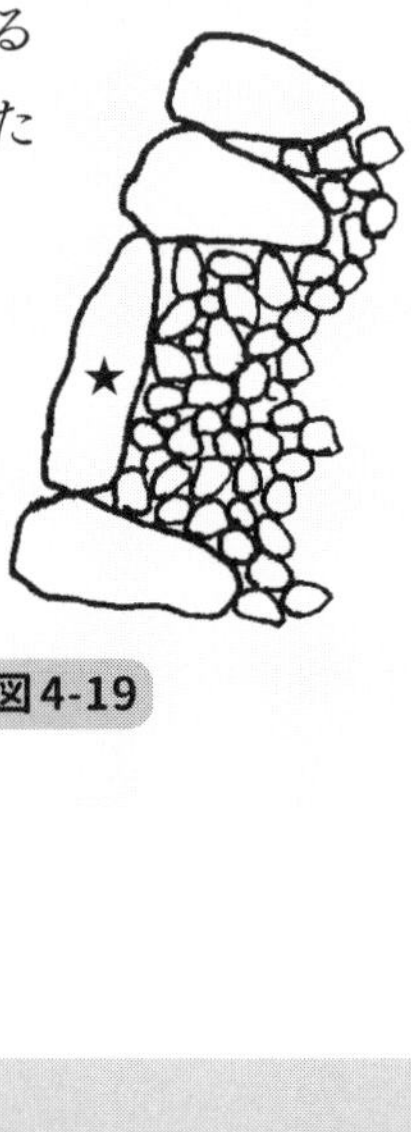

図4-19

ざぶとん、重箱

同じような石を積み重ねるだけの積みかた。見た目が悪く、また積み石どうしが噛み合っていないので抜けやすくなります。

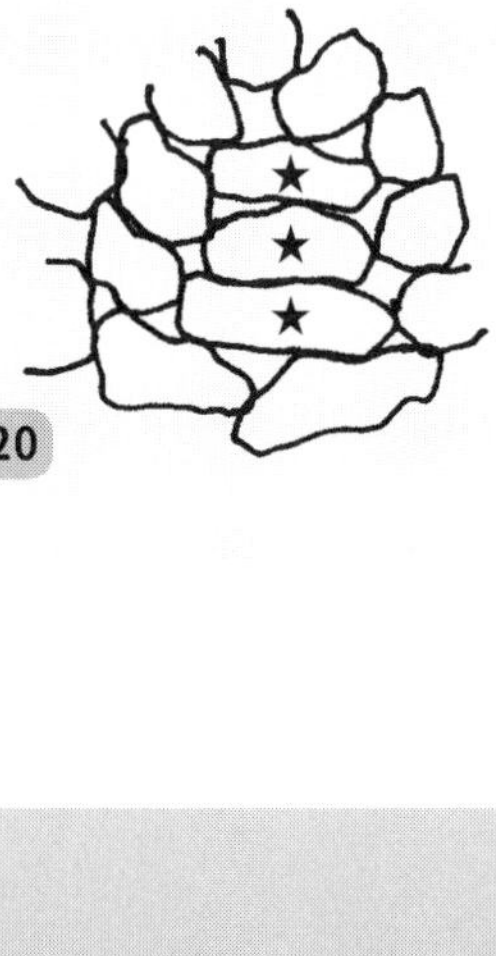

図4-20

真一文字

あまり厚みのない石を水平、垂直に置くような積みかた。力が逃げず石が割れやすくなります。

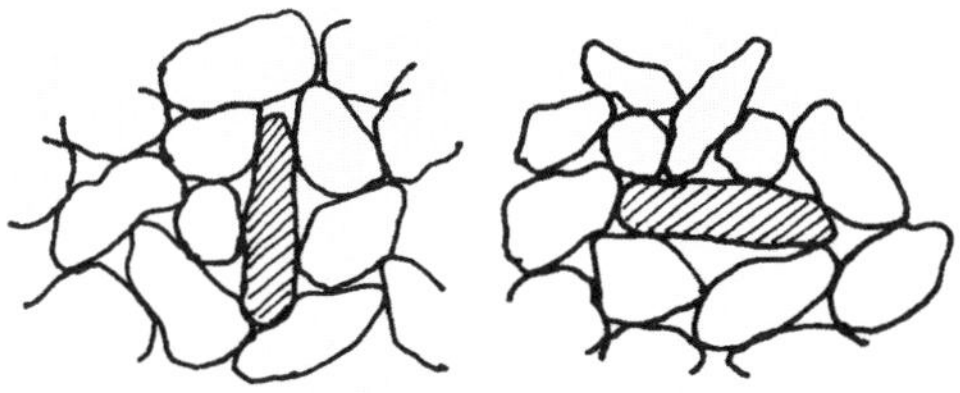

図4-22

四つ巻き

一つの石を四つの石で囲む積みかた。周囲より小さい石を使うことでなりがちです。１と４が拝み合わせ（※）になることで、★に力がかからず抜けやすくなります。同様に八つ巻きも避けます。

図4-21

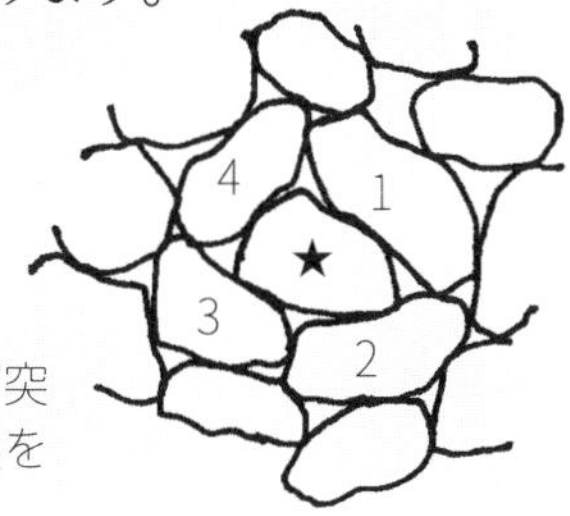

※２つの石が突き合って屋根を作る状態

目通り

目地が一直線になる積みかた。ここから崩れやすくなります。

図4-24

十文字

目地が十文字になる積みかた。ここから崩れやすくなります。

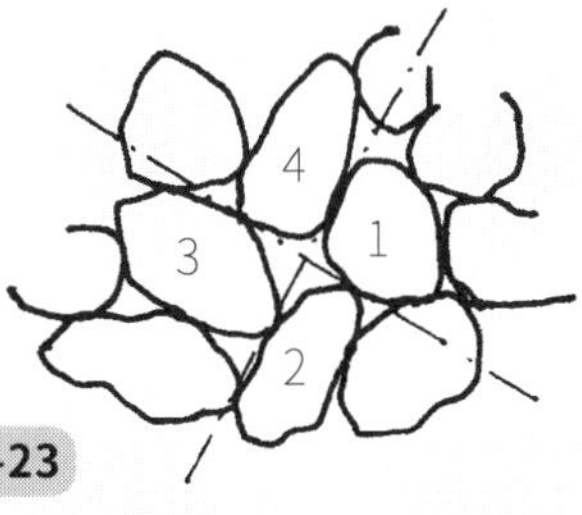

図4-23

Q2 三角形の石の置きかたは？

A2 片方が山型になっている石は、よくあります。その場合、平らな面を下にして置くと次の石が置きにくくなります。擁壁の前面からかなり奥まったところに支点ができるため、次に置く石が前かがみになりやすいからです。図4-25

また、安定する場所に置こうとして、つい奥まった置きやすいところに積んでしまい（図4-26）、石積み面が狂いがちです。

一般的に、三角形の石は以下のように積むとよいでしょう。

①長い石を置く

上に長い石を置くと重心を後ろにかけることができます。安定して積める方法なので、長い石が豊富にある場合はこれがよい方法です。図4-27

②別の面を顔にする

顔にする面を変更しても「控え長」がとれ、問題ないなら向きを変えます。

③天地を逆にする

山になっているところを下にして、下の二つの石の間に差し込むようにして置いてみましょう。なお、こうすることで擁壁面からの距離が小さくなり、見た目もよくなります。図4-28

しかし、「かぶり」といってあまり多用すると強度に影響が出てきます。ひさしになる部分が大きすぎる場合には、すこし玄翁で削ります。

④玄翁で形を整える

角をとり、四角錐台に近づくように、玄翁で削ります。図4-29

一方、積み石の顔の部分から鋭利な角度で三角形になっている場合は、上の石の重みで石が押し出されることがあります。角をとるように石を削って、安定して置けるようにします。図4-30

図4-25

三角形の石の平らな面を下にして置くと、次に置く石が前かがみになりやすい

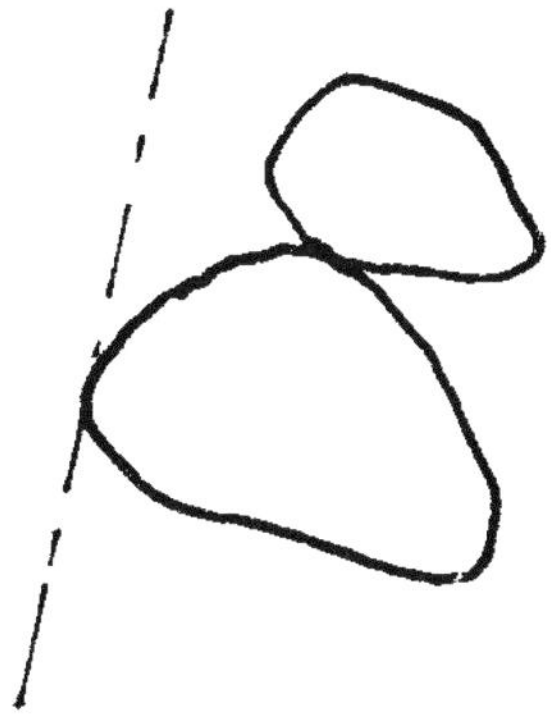

図4-26

三角形の石の上は、水糸を見ずに置くと、安定する位置に置こうとして奥まってしまうことがよくある

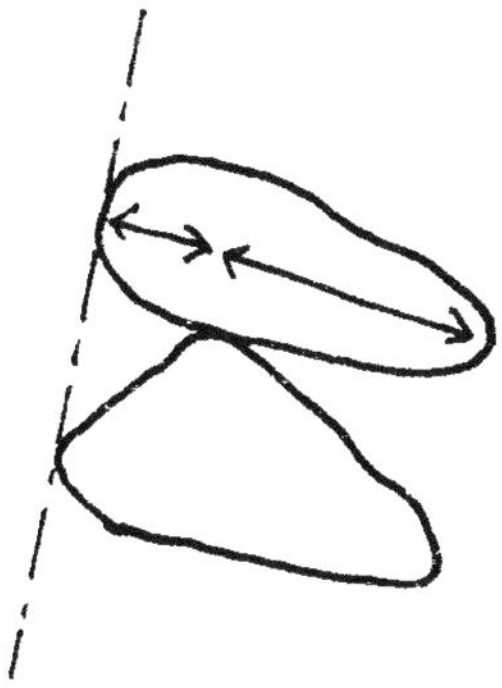

図4-27

対処法：長い石を置く。ただし、長い石は限られていることが多いので、こればかりに頼るのは難しい

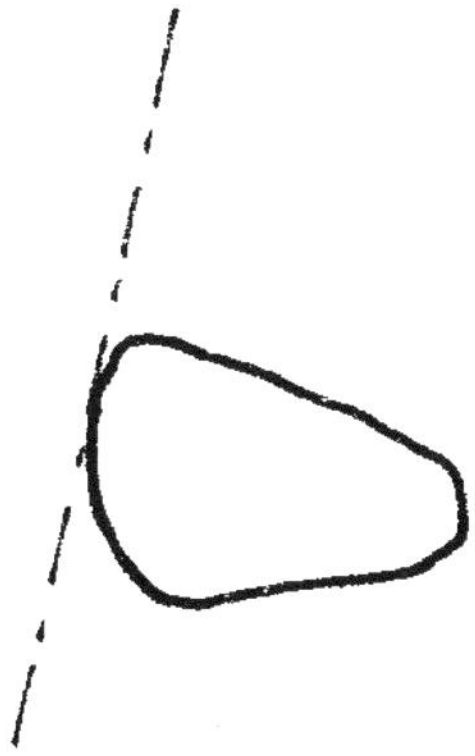

図4-28

対処法：三角形の出っ張りを下にしてみる

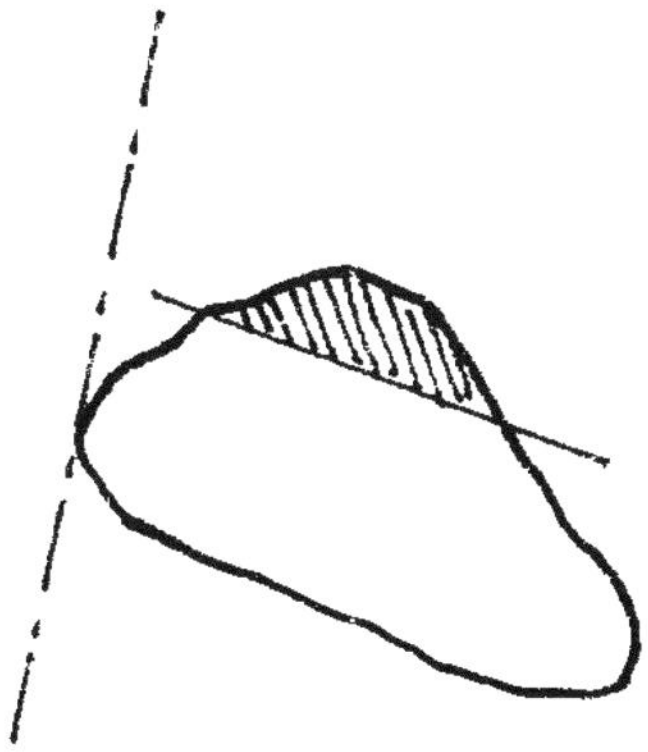

図4-29

対処法：三角形の出っ張りを玄翁で削る

図4-30

対処法：三角形の角をとるために石を削る

Q3 サイコロ状、球状の石の置きかたは?

A3 サイコロ状、球状の石は積みにくいのでぐり石にするのがよいのですが、使える石が全体的にこういう形しかない場合もあります。その際は、控え長を気にしなくても大丈夫。石の顔を四角錘台に見立て、太い方を前に持ってくるようにします。図4-31右

ただしどうしても安定が悪くなるので、擁壁の勾配を緩め（三分程度）にしたり、石を一つ置くごとに背後をきっちりぐり石で固め、安定性を確保します。

ぐり石はなるべく割ったときに出てくるようなクサビ状のものを選び、背後からいくつか差し込んで積み石を固定します。図4-31左

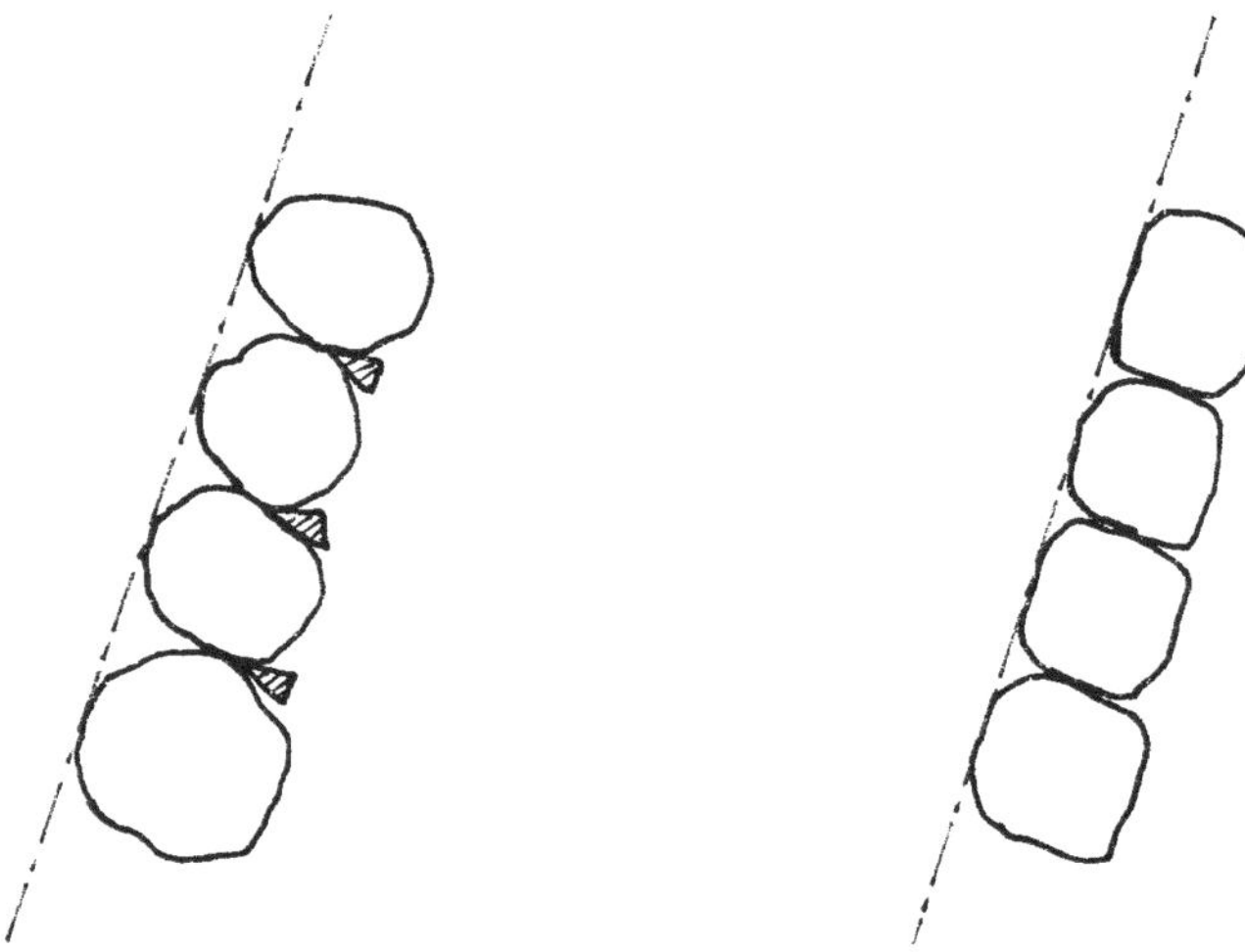

図4-31（右）サイコロ状の石ばかりのとき：控え（石の奥行き）が短い石ばかりのときは、三分勾配にするなど、勾配を緩めにして安定させる
（左）球状の石ばかりのとき：三分勾配など、勾配を緩めにして安定させる。また、石の後ろにクサビ状のぐり石を入れて、しっかり固定しながら積み上げていく

Q4 面が作ってある石の置きかたは？

A4 砂岩系の石などは整形がしやすいので顔になる面を平らにしてあることがあります。この場合はなるべく顔の面が擁壁面に合うように角度調節をした方がいいでしょう。

積み石だけで安定して角度が決まるのを「胴付き」と言い、これが理想なのですが、面が作ってある石で面を無視して積むと汚い仕上がりになります。それどころか次の段の石が置きにくくなったりもします。**図4-32右**

角度調節はぐり石で行いますが、強度を確保するため、抜けにくいクサビ状のぐり石を使用します。丸い石を入れると接触面が少なく安定しません。丸いぐり石しかない場合には、片岩系（雲母のように鉱物が一定方向に並んでいるため、板状に割れやすい石）の薄いぐり石を購入することも検討してください。ぐり石の層の石を全部入れ替えるのではなく、固定用の分だけで大丈夫です。**図4-32左**

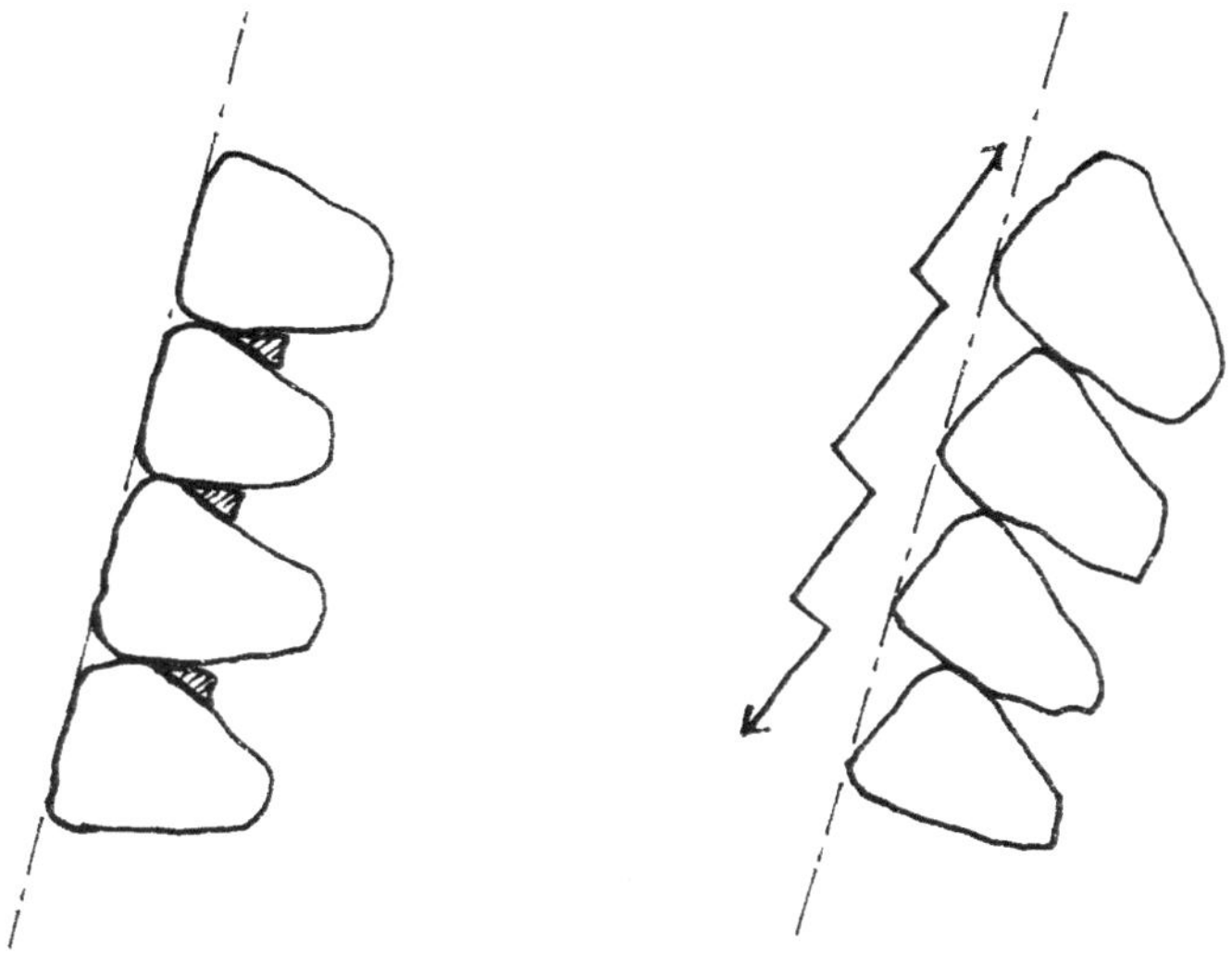

図4-32 （右）面がしっかりと作ってある石の場合、積み石同士で安定させるように置く（胴付きにする）と、擁壁面がギザギザになりあまり美しくない。石の角度がつきすぎて積みにくい場合もある
（左）ぐり石で石の角度を調整しながら、石の面を擁壁面に合わせながら積む。その際、クサビ状のぐり石を使うことで安定性が確保できる

手順12 石の面を合わせる

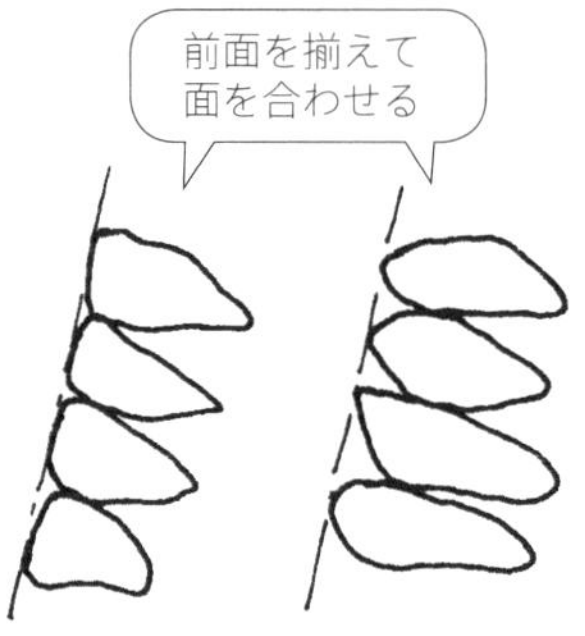
前面を揃えて
面を合わせる

図4-33 石の位置を調整して面を合わせる

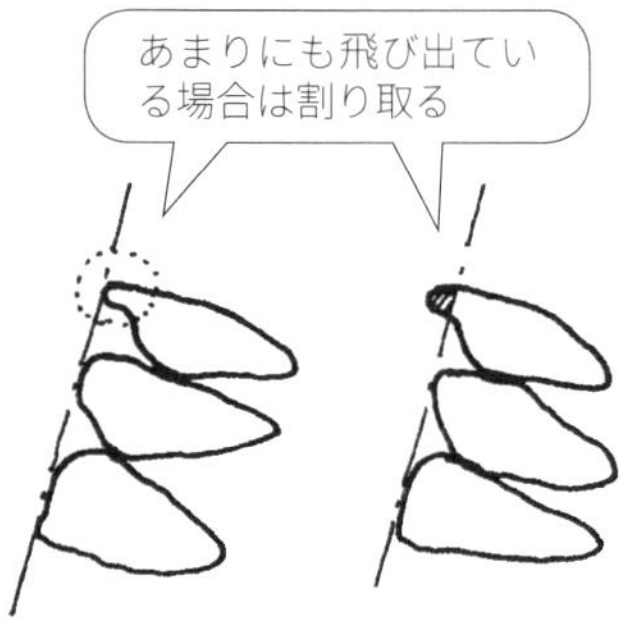
あまりにも飛び出ている場合は割り取る

図4-34 石を削って面を合わせる

面を合わせる理由とは

石積みに使われる石は、もともとはバラバラのものですが、それを積むことで一つの壁（擁壁）になります。

より美しく積むために、石の前面をきれいに揃えることを「面《つら》を合わせる」といいます。それにはここまで説明した積みかたのほかに、石の前後の位置を調整する必要があります。

石の顔が平らな場合も、尖っている場合も、最も飛び出している部分を作りたい擁壁面に合わせていくことで揃った面ができあがります。図4-33

ただし石の正面にあまりにも飛び出ているところがある場合には、玄翁で叩いて削ります。図4-34

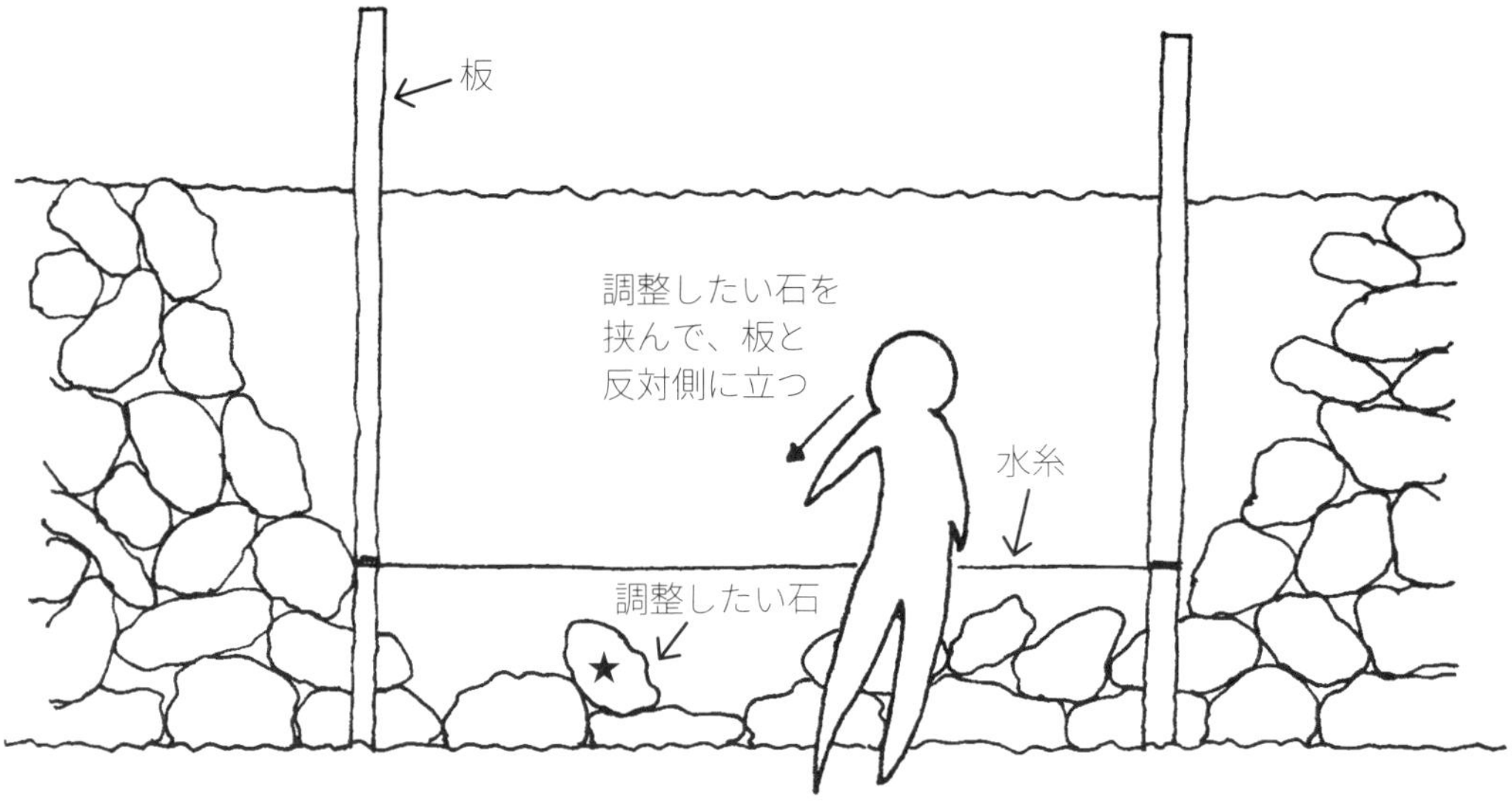

図4-35 遣り方：横糸１本を使う場合

実のところ、石の前後の位置が少しくらい違っていても強度にはあまり関係ないのですが、積んだ後の達成感のためにもきれいに面をそろえて積みたいものです。

水糸を使って面を合わせる

修復する箇所の幅があまり広くない場合は、左右の残っている壁を見ながら積んでいくこともできますが、ある程度幅が広くなってくると目分量では難しくなります。丁張《ちょうはり》や「遣《や》り方《かた》」と呼ばれるガイドを水糸で作るとよいでしょう。**図4-35**

水糸を使う方法は、いずれも床掘りが終わった段階で作ります。①横糸1本を使う場合、②横糸2本を使う場合、③縦糸を使う場合があります。

複数人で作業するときに気をつけたいのは、目印になる水糸になるべく当たらないようにすること。糸をにらむ人（石の面を合わせる調整をしている人）の邪魔になってしまうからです。石を置くときなどに水糸に触わったとしても、すぐに離れる癖をつけましょう。

Q1 「遣り方」はどのように作り、使いますか？

A1 ここでは、最も基本的な方法として「横糸1本を使う場合」を紹介します。修復する石積みが直線的なところや、カーブがあっても緩いところに、特に向いています。用意するものは以下の通りです。擁壁面を途中で折り曲げる場合は、「杭2本＋板1枚のセット」を折り曲げる数だけ増やします。

・40～50㎝の杭（角材）

・修復する擁壁の高さより少し長い板

・水糸
・金づち、釘
・スラント

水糸は、ホームセンターにあります。スラントは勾配定規とも呼ばれ、必需品ではありませんが、あると便利です。

作りかたと使いかた

① 石積みの下部（溝のあたり）と、上部（できあがり位置）に杭を打ちます。さらに杭に板を打ちつけます（釘は2本使う方が、ゆがみにくくなります）。

擁壁面にしたい位置と勾配に、板の内面《うちづら》を合わせます。

板は、すべて同じ勾配にする必要がありますので、勾配定規などで測りながら正確に作ります。

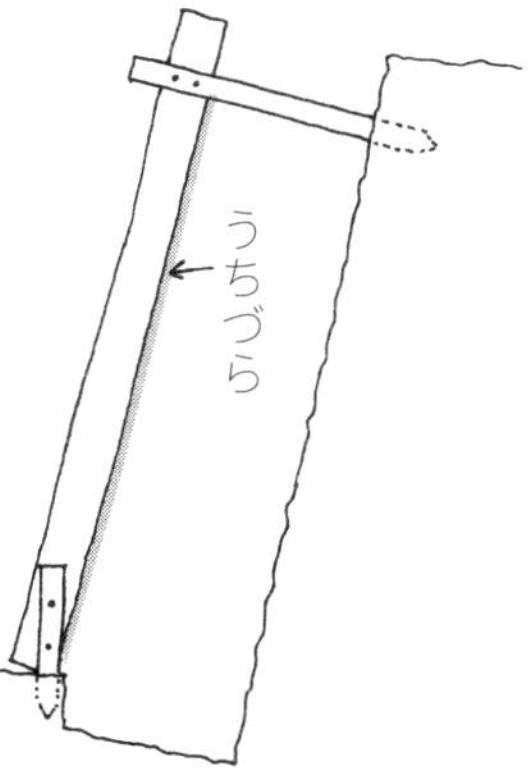

図4-36

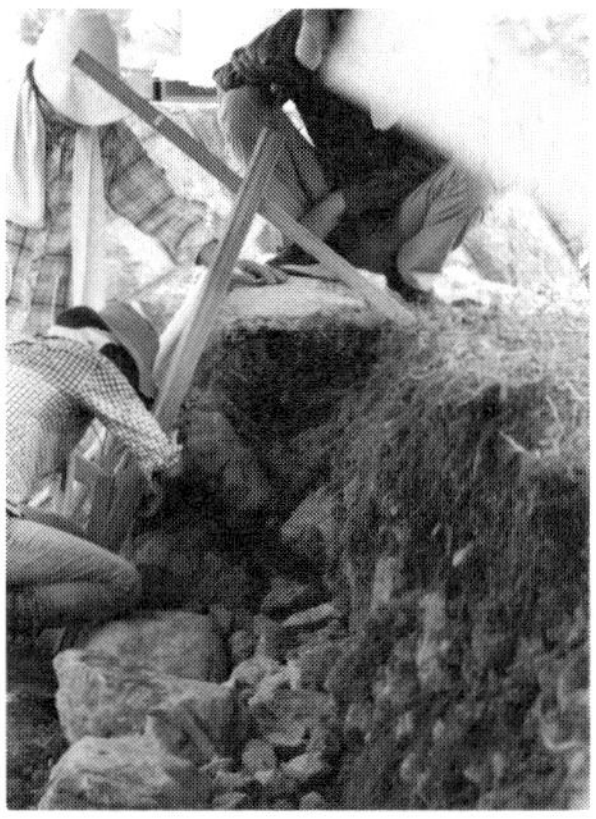

板の内面が石積みの前面になるので、勾配や位置に気をつける

② 内面に合わせるように水糸をピンとはります（積みながら動かすので、ほどきやすい結びかたにします）。最初は地面から50㎝くらいの高さで、積み上げるにつれて、石より少し高いくらいに上げていきます。内面と水糸の作る面が擁壁面になります。そこに石の先端を合わせる、というのが目標です。

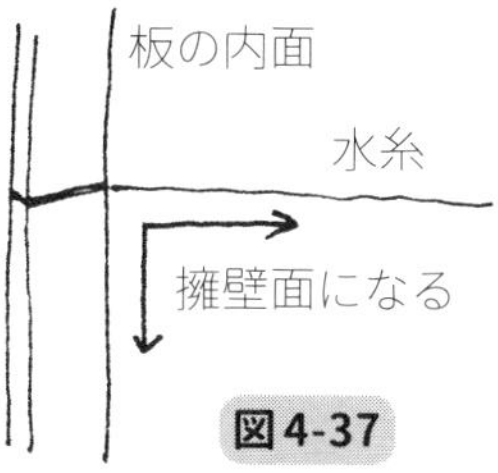

図4-37

③ 調整したい石を挟んで、板と反対側に立ちます。（79ページ 図4-35）片目で石や板のほうを見ながら、水糸の上に覆いかぶさるようにしていくと、右の写真のように板の内面と水糸が1本に重なる目の位置が見つかります。これを「糸をにらむ」と言います。板の内面と水糸が重なるように見えているときは、できあがるべき擁壁面に沿って斜めから見ていることになります。

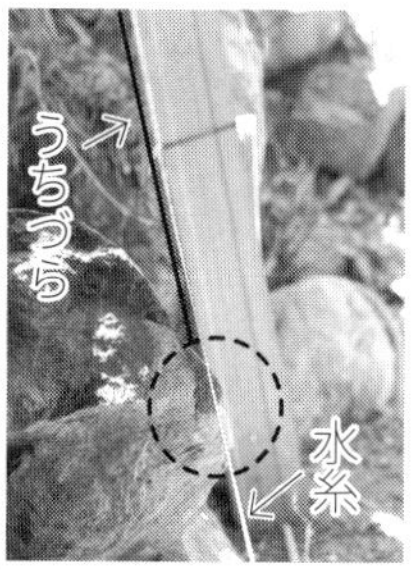

板の内面と水糸が重なるところに、石の先端を合わせます

④ 水糸と板の内面が作る線と石の最も出ている部分を合わせるように（写真右）、石を出したり引っ込めたりして石の前後を調整します。慣れてきたら板と水糸の作る線から5㎜ほど入った部分に石の先端を合わせるとよいでしょう。そうすれば石が糸に当たらず、糸がゆがみません。人手がある場合は、別の人に糸を見てもらいながら石の前後を調整するとよいでしょう。

手順13 仕上げ・片付け

畑の仕上げかた

目標にしていた高さまで石を積み上げたら、仕上げをします。そのときに一番上に持ってくる石を「天端石《てんばいし》」と言い、使う石は地域によっていろいろです。置きかたも、大きくて薄い石を寝かせて並べる、薄い石を立てて並べる、大きな石を置くなどがあり、地域のやりかたを踏襲するとよいでしょう。

天端石を置いたら、石が隠れるように土をかぶせます。図4-38 盛った土はいずれ、ぐり石の間に入っていきますので、それを見越して、土を盛り上げるように多めに盛っておくのがポイントです。そうでないと天端石の後ろが凹み、水がたまりやすくなり、そこから水が土に浸み込み、石積みの背後の土圧が高くなって、崩れる原因になりやすいのです。

土を盛るときは、てみを上の畑側に向けて立てるように置き、そこから土をならすようにしながら、てみを上方にずらします。そうすることで、土が下にこぼれにくくなります。図4-39

また根石の前にも土を盛り、その周りに水がたまらないようにします。土がぬかるみ、根石が沈みやすくなるのを防ぐためです。図4-40

これは根石を置いた後であれば、仕上げる前の段階に行ってもかまいません。たとえば、隣の根石を置くための溝をさらに掘って微調整するときなど、出てきた土をすでに置き終わった根石の前に入れることで、土を土置き場まで運ぶことなく省力化できます。根石の前を埋めることで、作業中に踏み固められて根石の安定性も増します。

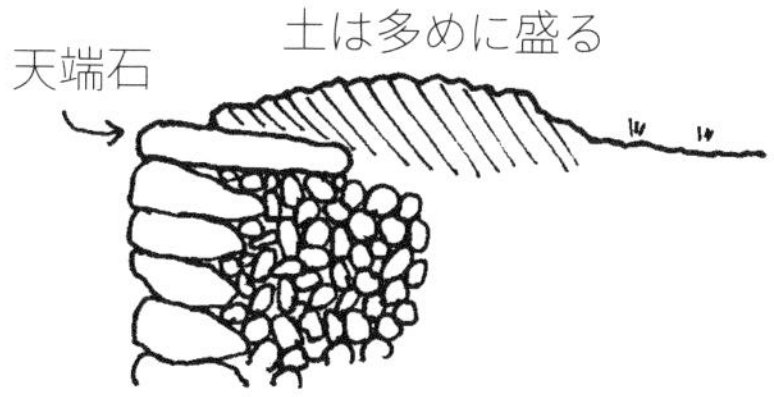
土は多めに盛る
天端石

図4-38 畑の仕上げ

図4-39 てみを立てて置き、土をこぼさないように盛る

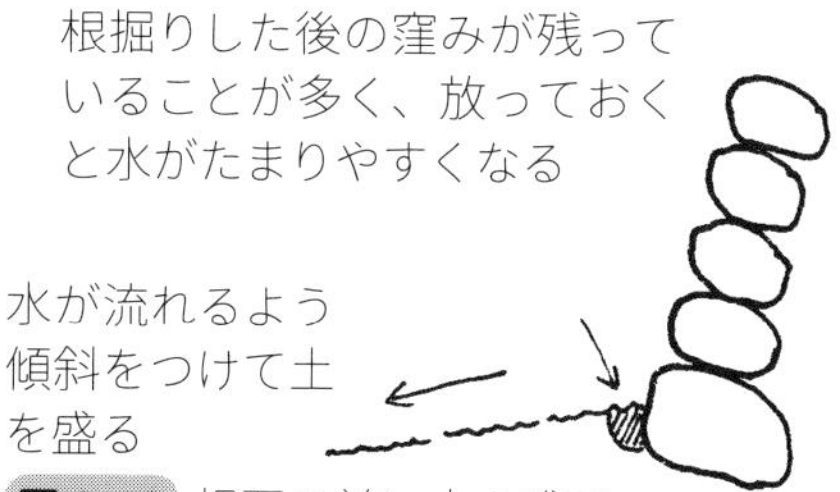
根掘りした後の窪みが残っていることが多く、放っておくと水がたまりやすくなる
水が流れるよう傾斜をつけて土を盛る

図4-40 根石の前に土を盛る

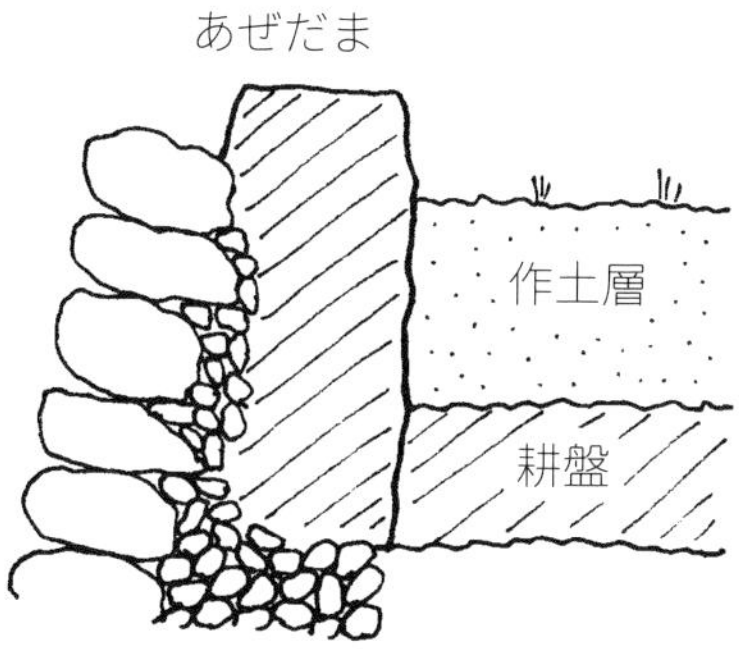
あぜだま
作土層
耕盤

図4-41 田んぼの仕上げ

田んぼの仕上げかた

田んぼの場合は、最後までぐりを入れると水がたまりません。粘土質の耕盤まで石を積み上げたら、ぐりは石を固定するものだけにします。その裏には、最初に別にとっておいた赤土（粘土質の土）を入れていきます。

さらに、耕作面より盛り上がるように「あぜだま（土手）」を作ると、田んぼでの作業がやりやすくなります。図4-41

片づけの中で最も大事なのは現状復旧です。石積みの修復はあくまでも農地の維持管理の一つ。石積みをしたことで農地が使えなくなってしまっては元も子もありません。

特に、下の段の持ち主が別の人で、修復のために場所を使わせていただいたときには、念入りに現状復旧をする必要があります。

ぐりや石を割った後の破片が残っていないか確認し、作業中に踏み固めてしまった場所は耕しておきましょう。

石の運びかた

重い石は膝を曲げて持ち上げる

重い荷物を持ち上げるのと同じ要領で、脚の屈伸も使って体全体で持ち上げます。膝を伸ばしたまま持ち上げると腰を痛めることがありますから、膝を曲げ、いったん屈んでから持ち上げましょう。

重い石はなるべく転がす、歩かせる

重い石はなるべく持ち上げないようにします。できれば下の方に積んで、持ち上げる作業を少なくします。動かしたいときは転がしたり、石を立てて左右を順番に前に出して歩かせるように運ぶのがよい方法です。転がすのがよいか、歩かせるのがよいかは、石の形によってやりやすい方を選びます。

腕力は補助的に

大きい石は腕で持ち上げようとするのではなく、腕力は補助的に使います。石を吊り下げる感じで、体に石を密着させて持ち上げます。

石は置くのではなく落とす

手で持てるくらいの石でも、指を挟むと骨折することがあります。石を積む際、最後まで石を持っていると下の石との間に指を挟む危険が高まります。片手を離したときに下の石が跳ね上がり、それで指を挟むこともあります。石を置く位置や向きが決まったら、5㎝くらい上で手を放して落とすように置き、手はさっと抜きます。

割って使う方法も

大きい石を積んだほうが擁壁の強度は高まりますが、ケガをしてはどうしようもありません。大きすぎる石は、割って使う方法もあります。

大きな玄翁でたたく方法や、石用のドリルで穴を開け「セリ矢（石を割るときのクサビ）」を打ち込んで割る方法があります。土木の施工会社の知り合いがいたら、クラッシャー（破砕機）で割ってもらうのもよいでしょう。

大きな石に鎖を巻きつけ、運ぶ場合もある

腕力はあくまで補助。体全体で持ち上げる

[石の割り方]

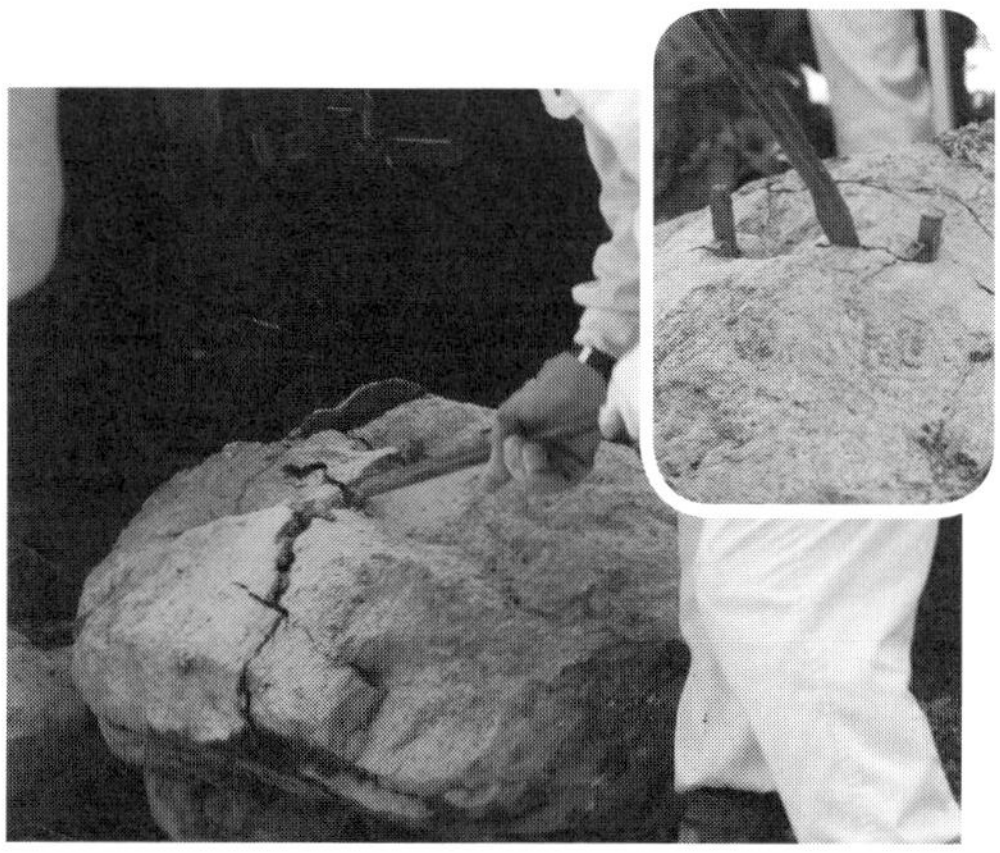

②かなてこで割れ目を広げていく

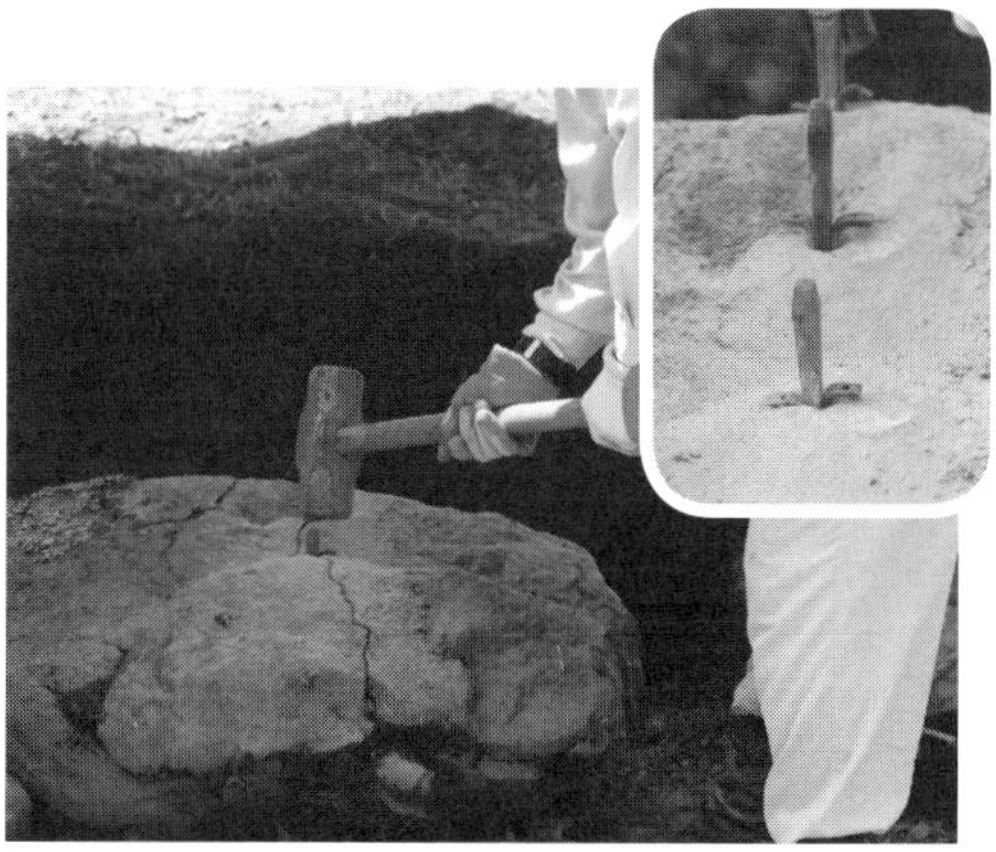

①大きな石にセリ矢（クサビ）を打ち込む

③思った形に割るには経験が必要

初心者はここに気をつけよう！

初心者がつまずきやすいことをあげてみました。あらかじめこうしたことに気をつけられれば上達も早いので、頭に入れておくと上達への近道になるかもしれません！

ぐり石と積み石の分別が甘い

石積みを崩すときに、ぐり石と積み石を分別しておくのが重要ですが、いざ崩す作業に入ると急ぐあまり、分別が甘くなりがち。

そうすると積むときにぐり石が足りなくなり、あとで「しっかりと分別しておけばよかった」と後悔することになります。あらかじめ適切に分別しておきましょう。

積み石とぐり石が混ざる

石は、積んであるときこそコンパクトに収まっていますが、崩してみるとかなりの量になります。積み石・ぐり石・土は、それぞれあらかじめ距離をとって、置き場所を決めておきましょう。そうしないとすぐに混ざってしまいます。

上の田畑に置く石も、壁から少し距離をとって置いておきます（床掘り中に壁が後退して、石が落ちてくる可能性もあるため）。

積んだところを平らにしてしまう

慣れないうちは、石の隙間をなくそうとして、積んでいる途中で石を平らに並べてしまいがち。そうすると次の石が置きにくくなるので、大胆に凹凸を作るようにしながら積むことを意識しましょう。平らにするのは、最後だけで大丈夫です。 図4-42

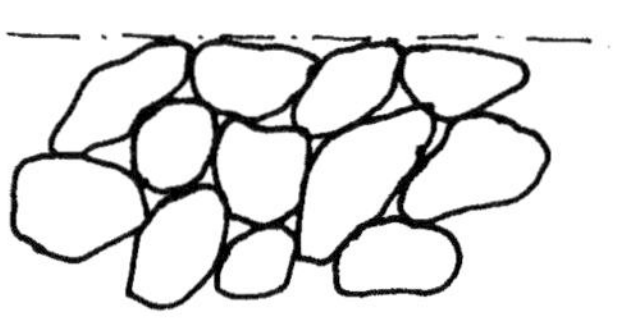

図4-42 石を平らに並べてしまった例

隙間を埋めようとしてしまう

パズルのように、隙間を埋めようとしてしまうと周りより小さい石を使うことになり、四つ巻きができやすくなります。あるいは、埋めることに集中するあまり、最も肝心な石の傾きがおろそかになることもよくあります。

ぐり石を入れ忘れる

積むのに夢中で、ぐり石を入れ忘れることがあります。そうすると石が奥にずれていきます。奥にずれないように置こうとして石の傾きがおろそかになることも。複数人でやるときはぐり石係を決めて「てみ」にたくさん集めておきましょう。

後ろが高い石を置いてしまう

重心は奥にかかっていても、石の後ろの方が高いことがあり 図4-43上 、次の石の重心が前に来てしまって困ることがあります。この場合は、①高くなっている部分（斜線部）を玄翁で削《はつ》る、②石の天地を逆にしてみる、③上に長い石を置く 図4-43下 のどれかで対処しましょう。

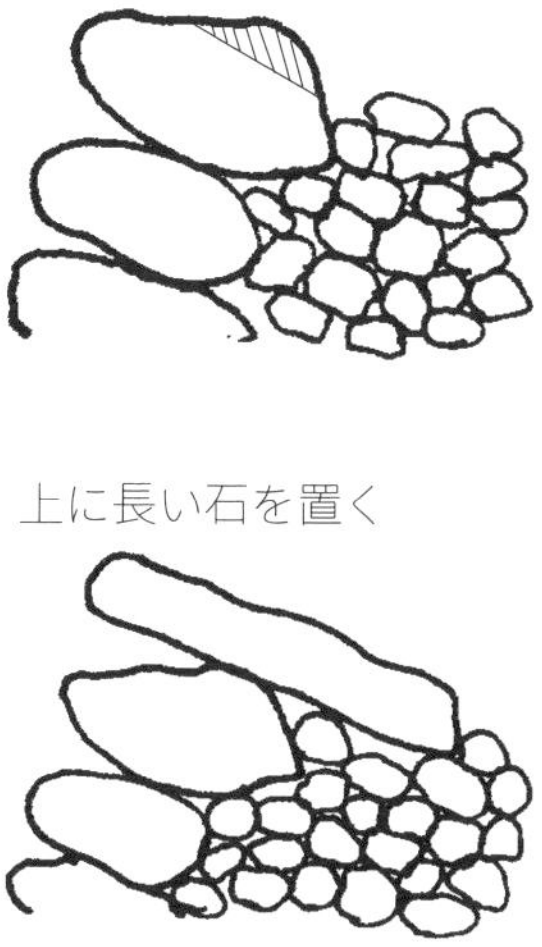

図4-43 断面図

田畑を荒らす

作業に夢中になるあまり、ぽろぽろ落ちた石をそのままにしておくことがあります。そうすると田畑に石がめりこみ、そこを踏み固めてしまって、農地として利用しにくくなります。何のために修復したのかわからなくなってしまうので、落ちた小石はこまめにぐり石として擁壁に放り込むようにしましょう。

作業のペース配分

雨を避け一気に作業をするのが理想です。途中で力尽きてしまわないよう、こまめに休憩をとりましょう。体が慣れるまでは体力を消耗しやすいので、作業開始直後は30分に1回が目安です。

石積み初心者「あるある」集

石積みあるあるをまとめてみました。現場で「あー、これか」と思いながら、楽しんで実践してみてください。

床掘り編

- あまり技がいらない石積みを崩す作業に気をよくして全力投球し、開始早々、息が上がる。
  体力の配分は必要
- 土壁が崩れてきたときに、手で抑えつけて止めようとする。
  逃げましょう
- ほぐした土をきれいにどかしたと思ったら土壁が崩壊してくる。
  ふりだしに戻る
- 根掘りをするとき、あと少しでちょうどいい深さになるというときに限って大きい石が出てくる。
  それを掘り出し、全体的に掘り下げる羽目になる

ぐり石編

- 積むのに必死になりすぎてぐり石を入れ忘れる。
  よって上手く積めてない
- 後半になってぐり石が足りなくなって、最初の崩す作業での分別のいい加減さを後悔する。
  一度やるとわかる
- ぐり石が足りなくなるとぐり石の価値が高騰する。
  前半では、ぐり石＝積み石になれない石、という扱いなのに
- 「あ、ぐり石！」と思ったら土の塊。
  がっかり度が半端ない
- ぐり石が少なくなってからのぐり石集めが大変なのはわかっているが、積む担当になると「ぐり石くださーい」と高らかに叫ぶ。
  言う方は気持ちいい

積み編

どこがダメだったのか…

- 試行錯誤して積んだ石を無言で積み直される。

あ…はい、と言ってしまう

- 試行錯誤して積んだ石を見て
「これ、積んでないよね。置いてるだけだよね」と言われる。

- 石を積もうとしたら「それ、逆！」と言われるが、
どの向きが逆になるのかさっぱりわからない。

天地逆かと思ってひっくり返すと前後逆のことだった

- 据わりが悪いので石をいったん下ろし、削ったら、
どの向きに置こうとしていたかわからなくなる。

また全然違うところを削ることに

- 少し削って形を整えようとしたら、石が崩壊する。

意図せず、ぐり石作製

- どの向きで置くべきか試行錯誤していたら
「それぐり石！」と言われる。

え？　それなりに大きいのに！　←大きさではなく形の問題です

- すでに積み終わったところに少し飛び出している石を
見つけて、玄翁で叩いてみたら、真っ二つになる。

その石まで数段崩してやり直し

基本をおさえたら、あとは楽しんで作業するのみ。繰り返して積むことで上達しますが、そのためにも楽しくやることが大切です！

応用編2「積み切り」を作ってみよう！

積み切りとは、連続した石積み面に「算木積み」を入れることです。長い擁壁面があると部分的に修復することが多いのですが、その場合は積み切りにすることで、構造的な〝切れ目〟を作ることができます。すると、2回目に石積みを崩す際には、積み切りのところから先を積み直せばよいので、積み直しの範囲が少なくてすみます。図4-44のグレー部分は、1回目も2回目も積み直す部分です。もし積み切りを作らない場合は、2回目で崩す線は点線部分となり、倍の面積を直すことになってしまいます。なおグレー部分は、2回目に積み直す予定があれば、1回目に積む時はすきまを埋める程度のラフな感じでかまいません。

積み切りの方法は長めの石を互い違いに組み合わせて角を作る、お城角などに使われる積みかたと同じ要領です。石の顔の長い方（長手方向）が表に来る積み石は、奥に向かってだけでなく、擁壁の中心方向に向かっても重心をかけて積みます。図4-45のA、B

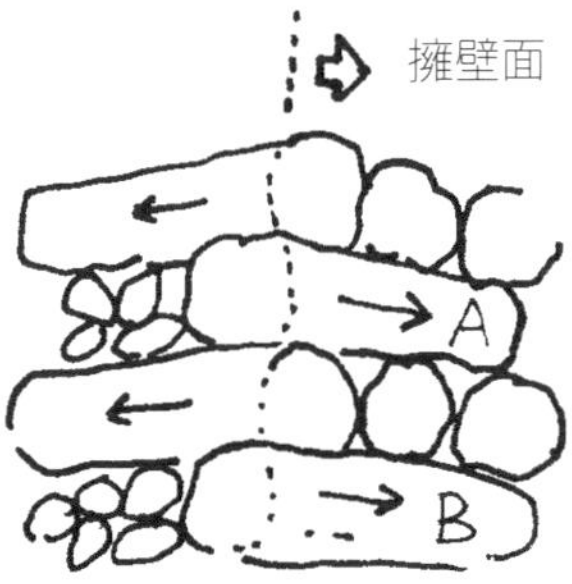

図4-45 算木積み

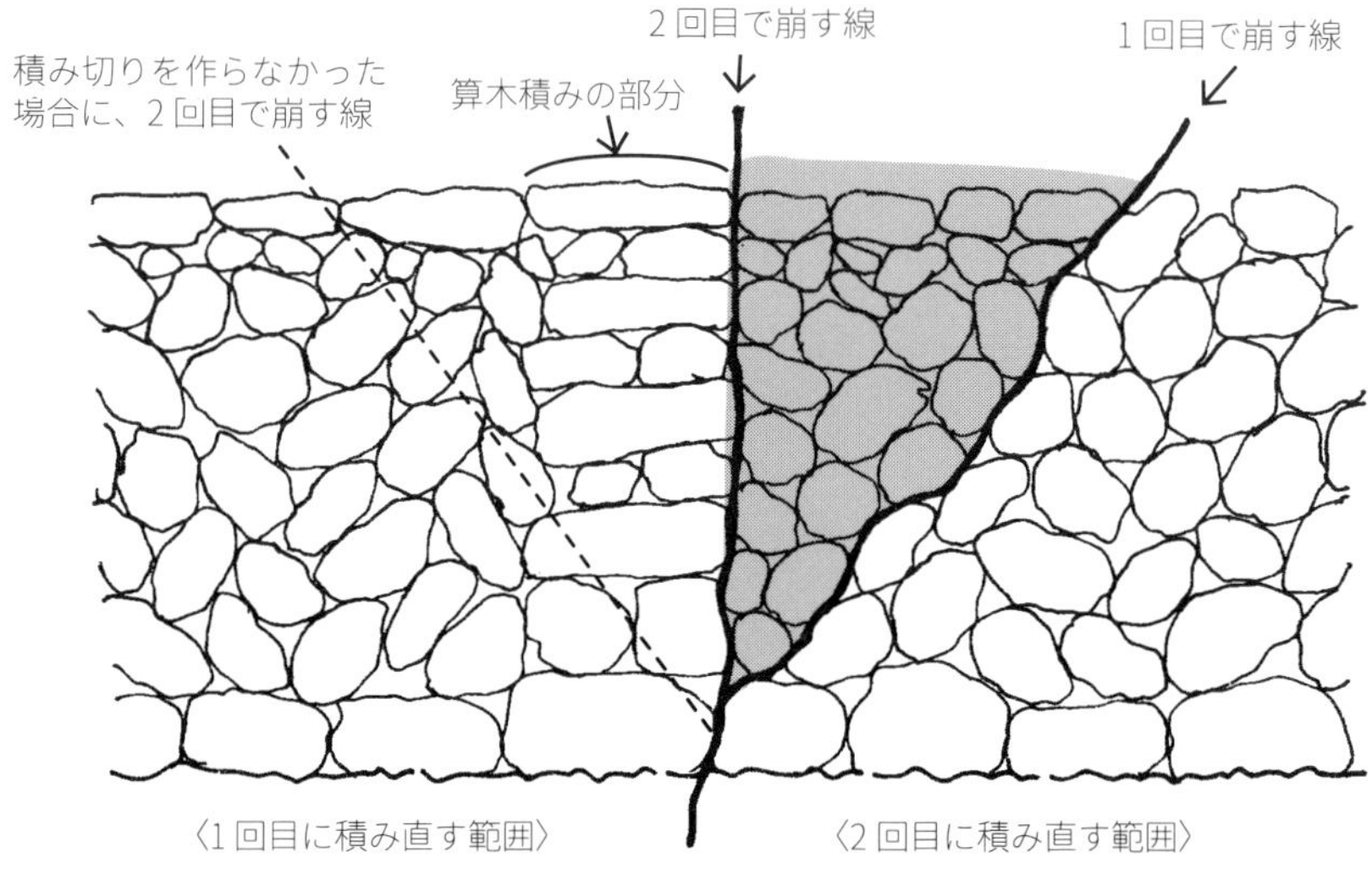

図4-44 積み切りを作る場合

5

石積みの考えかた

石積みとの出会い

出会いのきっかけは〝蕎麦〟

石積みをやっていると「何で石積みをやろうと思ったんですか?」という質問をよくされます。たしかに作業は重労働ですし汚れます。何で女性研究者である私が石積みをやっているのか、不思議かもしれません。私が石積みを習った徳島県吉野川市美郷の高開集落との出会い、師匠となる石工の高開文雄さんとの出会い、そしてなぜ石積みをしようと思ったかという動機について、お話ししたいと思います。

そもそもの出会いは2007年です。その年、東京での長い学生生活と就職の決まらない研究員生活をやっと抜け出し、徳島大学の工学部建設工学科に助教として採用されました。

大学時代に車の免許を取っていなかったので、さっそく自動車学校に通い、免許を取りました。そこで「せっかくだから車でしか行けないところに行こう!」と思い立ち、最初に行くことにしたのが、インターネットでみつけた〝蕎麦播き体験〟というイベントでした。当日、集合場所に到着し、そこからは「道が狭いから」と主催者の車に乗り換えて連れて行ってもらったのが、吉野川市の美郷にある石積み集落の、高開集落だったのです。そこでの会話の中に石積みの話がよく出てくるので「なぜ石積み?」と思い、帰ってきてからもう一度イベントのパンフレットをよく見ると「〝石積みの里〟で蕎麦播き体験をしよう」と書いてありました。その当時、石積みには興味がなかったので、蕎麦という文字しか見ていなかったのです。そんなわけで、食べ物につられ、まったくの偶然で石積みに出会いました。

農作業以前に移動がつらい!

石積みの里に着いた時の第一印象は、急な傾斜で段畑が重なる風景に、ただただ「すごい!」というものでした。しかし、作業し始めるとその考えは一転します。石工の高開文雄さんの家でイベント開始

高開集落での蕎麦収穫のようす

の挨拶をすませ、数十メートル坂を上った先にある畑に移動しましたが、畑にたどり着くまでに息が上がってしまいました。

「棚田や段畑は狭いから、機械が入れられなくて作業が大変」というのはよく聞く話で、私も知識としてはもっていました。ですが、傾斜地に農地が作られているということは、田畑をつなぐ作業道もまた坂道なのです。そこは盲点でした。

「農作業がつらい、という以前に移動がつらい」。これは、衝撃的な体験でした。蕎麦播き作業も含めたこの日の体験によって、中山間地域で農業を続けることや、暮らすことの難しさを考えさせられ、また同時に体験しなければわからないことがあるということが、私の心に強く印象づけられました。

その後、蕎麦の収穫や蕎麦打ちなどに何度か通ううち、石工の高開文雄さんからいろいろな話をうかがいました。畑に茅を撒くのは、肥料の目的もあるが、傾斜した農地から土が流れ出しにくくするためであること（化学肥料とは違い、繊維質のため）。ただし茅を刈るのは重労働であること。農地が傾斜しているので年に1～2回、耕作面の下のほうに溜まった土を上のほうに戻す「土あげ」という作業をするが、これがいちばんきつい作業であること。そして現在、石積みをする人はほとんどいないこと、などでした。

景観保存は生活とともに

風景のなかにある、こうした知恵や苦労を知るうちに、景観研究者としての問題意識が出てきました。美しい石積みの棚田や段畑がよく残っていると、景観研究者はそこを〝保全〟したくなります。そのための手段は、通常〝景観計画を作る〟ということです。

しかしながら、景観計画で守ることとされるのは、棚田や段畑の〝形〟のみ。風景のもととなる生業をどうやって継続していくのか、棚田や段畑を構成している石積みの技術をどうやって継承するのか、といったことには言及しません。

中山間地域でどのような生活が行われているのかを知らないまま、外から来た専門家と称する人が「風景がきれいだから残しましょう」と言うのは、あまりにも無責任ではないかと考えるようになったのです。そこで将来、景観計画を作る仕事に就くであろう景観工学を学ぶ学生たちを集めて、石積みと土あげ、茅刈りをするという、農村体験の合宿を行うことにしました。徳島県内はもちろん、東京や岐阜、京都、熊本などから、10名の学生が参加してくれました。これが、私の石積みのスタートです。2009年の夏でした。

石積みの現状と石積み学校の準備

「石積み学校」を思い立つ

2009年に石積みを初めて体験した後、学生向けの合宿を毎年1回、行うようになりました。そうして石が積めるようになってくると、〝正しい状態〟がわかるようになってきました。すると各地の棚田や段畑の石積みが、すでに修復を必要としている時期に来ていることもまた、見えてきたのです。さらにほかの地域の方たちと話をしていても、石積みを直せる人がすでにほとんどいないこともわかってきました。

そこで学生向けだけでなく、一般向けの石積み教室を開くことを考え始めました。その際、困っている人のところを教室にして〝修復のお手伝いをしながら技術の継承をする〟という、現在の「石積み学校」の形を考えたのです。しかしながら〝石積みは地域によって違う〟とは、よく言われますし、私自身もそれまで吉野川市美郷でしか積んだことがなく、他の地域でどれくらい技術が違うのかもわかりませんでした。技術が違うのであれば、石積み学校の意味がありません。同様の技術が広がっている範囲内で、学校を開催する必要があります。

そこで徳島大学の学生だった岡本昌晃さんが、修士論文として徳島県内の石積みの現状と技術の調査を行いました(※1)。まずは保存状態の調査、そして技術が地域によってどれくらい違うのかという調査です。

岡本さんは、県内にある農地の石積みを地域の偏りなくまんべんなく調査するため、県内の県道と国道をすべてスクーターで走りました。そこから見えた、石積みの棚田や段畑の252カ所を調査した論文は、まさに努力の賜物です。

(※1)岡本昌晃、真田純子：徳島県の棚田・段畑の石積み継承に向けた維持管理状況と技術に関する研究、土木学会論文集D1(景観・デザイン)、72(1)、2016

徳島県内の保存状態を調査

保存状態については、コンクリートの使用状況や石の緩み具合を調査しました。空石積みだけで構成されている棚田や段畑は200カ所あり、昔のままの状態で残っているところが多いことがわかりました。しかしながら徳島市に近い地域では、コンクリートを使用しているところが多いこともわかりました。

この結果は「昔ながらの風景を保存しよう」という意志の違いではなく、農業基盤に対する投資力の違いの可能性も考えられます。石積みは手入れをしなくなってからもしばらくは維持されるので、空石積みがそのまま残っているからといって、残そうという意思があるとは言い切れません。

そこで、石の緩み具合も調査しました。同じ一団の棚田や段畑のなかでも状態は様々なので、その一団のエリアで「緩みがない」「少し緩んでいる部分がある」「かなり緩んでいる部分がある」「崩れている部分がある」という、4段階に分類しました。

全面が「練石積み」だったところ、つまり全面の石積み擁壁にモルタルやコンクリートが使用されていたエリア3カ所を除く249カ所のうち、緩みのないところは25カ所、少し緩んでいる部分があったのは100カ所、かなり緩んでいる部分があったのは80カ所、崩れている部分があったのは44カ所でした。地区の分布に偏りはなく、徳島県内全体に石積みの積み直しができていない状況があると言えるでしょう。

これらのことから、石を積み直す労力が足りていないか、もしくは技術をもつ人がいない状況にあることが推測でき、石積み学校の必要性が、調査結果からも示されたと言えます。

使われていた石と積みかたの調査

次は石積み技術の地域性を見るために、積みかたと石の採取地の違い、さらには石の整形技術にかかわると思われる石質の違いについて調査しました。石を規則正しく斜めに置く「谷積み」、石を水平に置いて目地を水平に作りながら積む「布積み」、大小の石を不規則に積む「乱積み」の三つに分けて調査しました。その3つに分けて調査した結果、谷積みが21カ所、布積みが17カ所、乱積みが214カ所で、ほとんどの地域が乱積みで地域性もほとんどないことがわかりました。

さらに石の採取地を、川などから採ってきたと思われる丸みを帯びた「川石」と、山から採ってきたと思われるゴツゴツとした「山石」、「川石と山石の両方」という三つに分けて調査しました。その結果、山石を利用しているところが多いことがわかりました。

石質の違いは、外から観察するだけでは詳しいことはわからないので、徳島県内に多いもので調査しました。粒の集まった「砂岩系」と、層状に割れる「片岩系」の二つに分類して調べた結果、砂岩を使用しているところが１３１カ所、片岩を使用しているところが１３４カ所と、半々でした（両方の石を使用しているところがあるため、合計値が調査地点より多くなっています）。地質図と重ねてみると、県内を大きく三分する地質と一致するように、吉野川より北と県南部は砂岩、県中央部は片岩という分布になっていて、現地の石を使って積んでいることがよくわかりました。

石積みの技術は全国ほぼ同じ

このような現状がわかったところで、さらにヒアリングを行うため、石を積む技術を持つ人を口づてで探しました。見つけることができたのは10人で、全員が60代後半から80代後半という高齢者。技術が若い世代に伝わっていないことも見えてきました。

ヒアリングの結果、石の整形についてはほとんどの人が、たまに据わりをよくするためなどに削《はつ》ることはあるが、農地の石積みの場合は、ほとんど整形しないとのことでした。片岩と砂岩の両方を扱ったことのある人からは、片岩より砂岩の方が割るのは少し難しいが、気にするほどではないとの話を聞くことができました。

また「丸い川石かゴツゴツした山石かで、積みかたが違うのか？」と尋ねると、力のかけかたなど積みかたにはほとんど違いがないことがわかりました。修復時に石を補充するにしても、今は新たに川から採ってくるのは難しいので、山石で積むしかないこともあり、山石で積む技術を習得すれば、どこででも修復することができるとのことでした。

このほか使用する道具や基本となる積みかたについても、本書に書いたような基本や禁忌事項など、共通したことを聞くことができました。こうして石積みは〝各地で違う〟ようには見えるけれども、実際には積みかたの基本は同じであることがわかってきました。違うように見えるのは、石質や採取地による形の違いや、石質の違いによって整形の度合いが多少異なることなどが原因のようです。

こうした調査からも、石積みの技術が継承されていないこと、積み直す労働力が足りていないなどの理由から「石積み学校が必要である」ことを確認できたのです。また石積み学校を実施する際には、県内どこででも範囲を区切らず開催できることもわかりました。これはもっと後の話になりますが、日本全国ほぼ同じ技術を使っていることもわかってきたため、こうした本を書くことができるのです。

石積み学校ができるまで

「活動」から「仕組み」に転換するために

2009年に、学生向けの石積み合宿を初めて開催したことはすでに述べましたが、一般向けの「石積み学校」を開始したのはその4年後の、2013年3月でした。学生向けには、いつも徳島県吉野川市美郷の石積み集落で行っていたのですが、一般向けの石積み学校ではあえて場所を変え、第1回と第2回を三好市で行いました。対象を広げるだけならば、同じ場所で対象者を変えてもよいはずですが、そうはしませんでした。

なぜそうしたのかというと、石積みの保全については、〝技術の継承ができていない〟という問題だけでなく、〝修復が必要なところに、修復する労力が足りていない〟という問題もあることに気づいたからです。もし私の師匠の石工さんがいる高開集落だけで行っていたならば、そのほかの地域では、その地域に若者がいて、その人が石積みを習わない限り、修復されることはないでしょう。

石積み学校とは、石積みを習いたい人、技術を持つ人、直してほしい人をマッチングし、直してほしい人の田んぼや畑を修復しながら技術の継承を行う仕組みです。

場所を決めて行うのであれば、石積み修復という「活動」ですが、私が目指したのは石積みにかかわる三者をマッチングするという「仕組み」です。石積み学校という仕組みを作ることで、要望があればどこでも修復ができるようになると考えたのです。

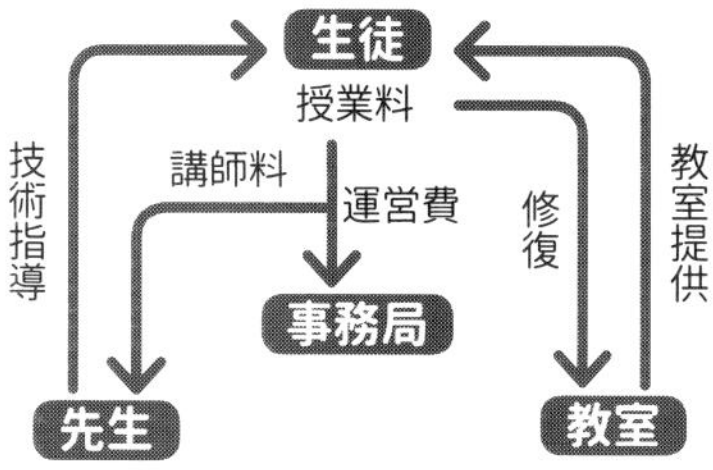

石積み学校の仕組み

生徒（石積みを習いたい人）、先生（技術を持つ人）、教室（直してほしい人）の三者の間で、技術もお金も行き来する。それぞれに利があることで長続きする

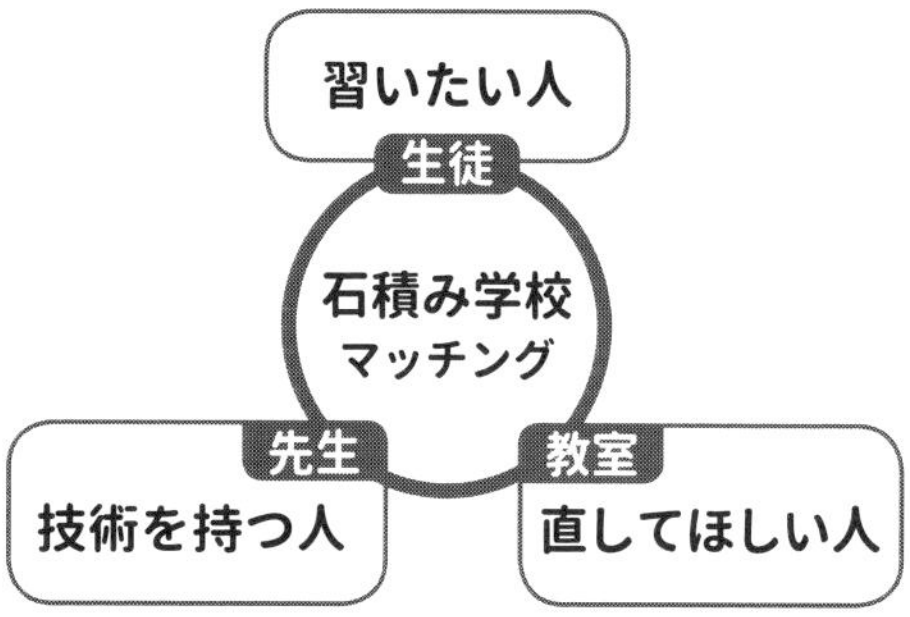

石積み学校の概念図

石積みを習いたい人（生徒）、技術を持つ人（先生）、直してほしい人（教室）をマッチングさせながら、修復と技術継承を行う

ただし開校すると宣言しても、その時はまだ実績もないため、直してほしい人からの要望は待っていても来ません。最初は三好市役所の方に協力してもらって、石積みが崩れているところを探してもらい、同時に、その地域で技術を持つ元石工さんも探してもらって開催にこぎつけました。

「活動」から「仕組み」に転換するために、あえてそれまでとは別の場所で行い、目指している形になるべく近づけるようにしたのです。

稼ぐ仕組みで長続きさせる

石積み学校はあくまで「学校」です。だから、というわけではないのですが、参加者は授業料として参加費を払うことになっています。通常こうした地域貢献につながるような取り組みは、ボランティアで行うのが一般的かもしれませんが、石積み学校では違います。無償どころか、修復する人が費用を払うのです。ではなぜ、参加者が参加費を払う仕組みにしたのでしょうか。

一般向けの教室を開催しようと考え始めてから、

実際に2013年の3月に「石積み学校」を開始するまで、構想を周りの人に相談している時間が2年くらいありました。その間に、当時在籍していた徳島大学の研究室の教授である山中英生先生から「あなたがいなくなっても続くような活動にしなさい」ということを何度も言われました。

当時の私は、とにかく石積み技術の継承をしたいという思いだったのと、「仕組みを考える」という思考があまりなかったのもあって、最初はその意図をよく理解できませんでした。しかしほかの地域作りの事例などを知るようになって、「私ではない人が運営できること」の重要性に気づき、稼ぐ仕組みが重要であると考えるようになりました。

ほかの事例とは、一つはNPOなどの地域作り活動をしている団体の〝世代交代の問題〟です。1998年に施行された「特定非営利活動促進法」に基づいてたくさんのNPOができたものの、ほぼボランティアで成り立っている団体では、活動の中心は、定年後の人や自営業で本業を人に任せられるような人が中心です。若い世代が活動の中心になるのが難しく、世代交代が問題になっているのを目にしました。

私自身も大学教員なので、時間は比較的自由に使えます。しかし教員の研究活動の一つとして、大学の給料をもらっているからこそできる、というのでは、私以外の人が活動を担うことはできません。そのような属人的な取り組みにしないために、最低限、事務局の給料が出せるくらいの活動にしなければいけないと考えました。

ただし実際の参加者は、自分の田畑が壊れて困って習いに来る人も多く、あまり参加費を上げたくないため、事務局の給料が出せるまでには至っていません。研修事業など別の方法でも稼ぐことを考えていて、今のところこれについては試行錯誤中です。

もう一つのほかの事例とは〝補助金に頼った活動の心もとなさ〟です。地域に貢献している活動であれば、補助金を得ることはそれほど難しくないかもしれませんが、その運営費を補助金に頼ってしまうと、補助金が終わってしまうと活動も中断や縮小を余儀なくされます。

もちろんスタートアップやステップアップでは、補助金は非常に役に立ちます。実際、石積み学校の開始時には道具をそろえる必要があったため、徳島県の集落再生の補助金を利用しました。しかし、通常の運営は補助金に頼らず行うことができなければ、継続した取り組みにはなりません。

こうしたことを考えて、参加費で運営し、ゆくゆくは石積み学校の運営が生業の一つにできるような仕組みを作ることにしたのです。

やってみて思ったのは、長く続けられる仕組みを考えることは、地域に対する責任でもあるということです。自由になる時間があるからできるが、そういう立場の人しかできないのでは、周りから「趣味でやっている」と思われても仕方ないかもしれません。

もちろん、地域にとってよいことが必ずしもお金になるとは限りません。お金になるということは価値の交換をすることですから、その価値が新しすぎた場合にはお金にはなりません。ですがその場合でもいずれお金になるように、周囲の価値観を転換していく努力はすべきだろうと思っています。

仕組みにしたことで思わぬ利点も

石積み学校を、〝個人の活動〟からお金の回るような〝仕組み〟として始めたことによって、思わぬよいこともありました。

もともとは先述したように、石積みにかかわる三者をマッチングすることで開催することを想定していました。ですが実際に開始してみると、違った形の依頼もされるようになったのです。「地域の人に習ってほしいから」という理由で、地域活動をしている団体が場所と参加者を用意して、そこに石積み学校が呼ばれるケースもでてくるようになりました。徳島県のシルバー人材センターの技術講習会に呼ばれ、仕事を請け負う高齢者向けの講習会を開いたこともあります。

おそらくこれは、仕組みにしたことが大きいのではないかと思っています。私が特定の場所でボランティアで活動を行っていたら、「自分の場所にも来てください」とは言いにくいと思います。でもお金を徴収して回す仕組み、どこでもできる仕組みであることで、依頼がしやすいのだろうと思います。

さらによいことのもう一つは、主催者と参加者とが対等であることです。以前、棚田関係のシンポジウムで〝ボランティアによる地域作り〟をテーマとしたパネルディスカッションに、パネリストとして呼ばれたことがあります。一通り話が終わった後、会場から「ボランティアで田植えに来てもらうのはいいが、植えるのが下手で後で全部、自分たちで植え直している。そのような場合どうしたらいいのか」という質問がありました。

他のパネリストはいろいろと対応を答えていたと思いますが、私は「あれ、そういう経験はないな」と思いました。よく考えてみると、私は参加者が間違っていた場合そのことを指摘します。どうしてもよくない積み方の場合は、何段か外してやり直してもらうこともあります。なぜなら、授業料をとる学校だからです。間違っていることを指摘しないほうがよくないのです。

最初は想定していませんでしたがこれは、ボランティアではなく参加費をいただく方法の利点です。石積み学校では、〝技術〟と〝お金〟という価値を交換する対等な関係が成り立っています。ですがボランティアの場合、受け入れる地域の側では「(ボランティアに)手伝ってもらっている」という立場になって、対等ではありません。これが「間違っていても言いにくい」という関係につながるのだと思います。

もしこうした関係が続くと「中山間地域は手伝いがないとやっていけない困った地域だ」という気持ちも、いつの間にか生まれてくるかもしれません。これは自分たちの地域に対する誇りがなくなっていくことにも、つながりかねないのではないかと思っています。

なぜ石積み技術を継承するのか?

石積みそのものやその技術を継承するために石積み学校を立ち上げたわけですが、なぜそこまでして技術を継承しなければならないのでしょうか。「コンクリートのほうが強いのではないか?」「技術は進化しているのだから、わざわざ昔の技術を使わなくても」という声も聞こえてきそうです。

石積みを行う理由は、大きく分けて三つあると考えています。

・良好な農村風景の保全や伝統や文化の保全
・自然資源を使うこと
・小さな工事ができること

それぞれ、順に詳しく見ていきましょう。

伝統・文化の保全と、収入につながる

「石積みの棚田や段畑を維持することは、風景の保全につながる」というのは、わかりやすいと思います。ところどころ石積みがコンクリート擁壁に変わり、パッチワークのようになっていくと、確実に風景は崩れていきます。ではなぜ、風景の保全は重要なのでしょうか。

現在、全国的に地方の過疎化が問題になっていて、特に中山間地域の農地はその傾向が顕著です。こうした問題を何とかしようと、全国の中山間地域ではイベントや棚田オーナー制などによる交流人口、関係人口の獲得などで、地域の活性化を図っています。

その際、棚田や段畑の風景は、地域の資源として重要な役割を担います。地域活性化のために農家レストランや農家民泊を行うにしても、そこから見える風景はとても大切です。農村の風景は単に「愛でる」ためにあるのではなく、人が生きていくのに欠かせない収入につながる資源でもあるのです。

また昔から行われている空石積みの保全は、伝統や文化の保全でもあります。これまでの章で書いてきたように、積むという技術だけでなく、準備や進めかた、道具に至るまで、昔の人が試行錯誤してきた成果が詰まっています。これがいったん失われてしまうと、どうなるでしょうか。

実際、イタリアで石を積める人がいなくなった地域で聞いた話ですが、残っている石積みを崩しながら、どういう構造になっているのかを把握し、修復を行っているそうです。そうなると、構造物として

の石積みを作るための直接的な技術は復活するかもしれませんが、その周辺にある知恵は失われたままです。効率的に積む方法、道具の選びかた、管理の仕方などは、また一から試行錯誤していく必要があるのです。

身の回りの自然資源でできる

二つ目の理由は、空石積みは自然資源だけでできているため、環境への影響がほとんどでない工法であるということです。基本的には近くにあった石を積む、つまり〝配置し直す〟だけで壁ができ、化学的な変化を与えません。

それに対して近年、擁壁によく使われるコンクリートの材料であるセメントは、原料となる石灰石や粘土などを高温で焼く過程でCO_2を排出します。投入するエネルギー起源のCO_2と、主原料の石灰石が熱分解されるときに出るCO_2の排出(プロセス排出)です。現在、日本の温室効果ガス排出量の約4％が、セメント産業によるものであるといわれています(※2)。都会の工事からコンクリートを排除するのは難しいですが、農村の石積みをわざわざコンクリートに変えていくよりも、もとのように石で積み直すほうが、気候変動の抑制など、環境の持続可能性に寄与できるのです。

また空石積みであれば、緩んだり壊れたりして修復する際にも、もともとの石を利用して積み直すことができます。これも言ってみれば〝配置し直す〟だけで新しい壁ができることになります。もとの壁が瓦礫になることもありませんし、外から新しく材料を持ってくる必要もありません。

このように空石積みは、伝統的な技術という〝過去〟に価値を委ねた技術であるだけでなく、環境の持続可能性という〝将来〟に向けて必要となる価値をもつ技術なのです。

こうした価値は、環境保全に軸足を置くEUの共通農業政策ですでに認められています。たとえばイタリアでは、2007年から始まっている農村発展計画のなかで保全すべき対象とされています。さらに2015年から始まった「グリーニング」という制度では、各農家は農地の5％を環境のための用地としなければならないのですが、空石積みはこれに算入できることとなっています。

（※2）セメント産業における非エネルギー起源二酸化炭素対策に関する調査　経済産業省、２００９年

地域の人たちで直せる小さな工事

三つ目の理由は、空石積みがコンクリートや練石積みで擁壁を作るよりも小さな工事でできることですが、これは少し社会的な理由です。積みかたのところで説明したように、ほぼすべて人力で行えることはおわかりいただけたと思います。これによって自分たちで直すことができるのは、重要な特徴であると考えています。

自分たちで石を積み直すことによって「ここは水分が多い」「あそこは土が柔らかい」といった、地域の土地に対する知識が深くなります。また自分たちで構造物を作ることで、雨が続けば崩れないか心配になったりもします。でも自分たちの手に負えない技術で工事されると、壊れても自分たちではどうにもできません。そうなると「何かあれば役場に言えばいいや」と考える人も増えてくるでしょう。

自分たちで構造物を作り、維持管理することによって、土地や構造物に対する関心、知識が継承されます。これはすなわち、防災力をつけるということでもあります。防災という社会的な意味からも、自分たちで直すことには意味があるのです。

現在の日本の農業政策では、たとえば構造計算できなければ、修復のための補助金が出ないなど、空石積みを残すということに対しては逆風が吹いています。

単に計算上の強度や、草取りしなくてもよいなどの点だけを見るのではなく、文化や農村振興、環境問題、防災などの多様な視点で評価されるようになるとよいと思います。

こうした社会を実現するためにも、広く石積み擁壁や技術が残っていることが大切ではないかと考えています。

石積みのある風景

農地の石積みに正解なし

石積みは、基本的な積みかたは同じですが、地域の土の状態、石の性質、時代、誰が積むかという社会的な事情などにより、いろいろな表情をもつことになります。同じ場所でも、時代や積む人によって異なる積み方がされているところも多いものです。

地域ごとに決まった積みかたがあるわけでもなく、人々は工夫して積みかたを変えてみたり、公共事業の手伝いで得てきた知識を自分たちの農地に反映させたりしながら、技術を向上させてきました。こうした積み重ねが今を作り出しているのです。

ただし、今に至る〝変化〟をすべて肯定的に受け入れるのも違う気がしています。たとえば「便利だから」と、多くの場所で石の擁壁をコンクリートに変えてきた経緯がありますが、それをどう判断したらよいかという問題です。〝持続可能性〟という観点から考えたとき、それは必ずしも肯定的に受け入れられるものではありません。農村の経済は、農業生産だけで成り立つものではなく、観光や交流によってもたらされるものもあります。〝変化〟を無制限に受け入れることで、こうした見えない価値を失うことにもなりかねません。

そうはいっても、石積みは文化財ではないので、〝すべて〟を〝そのまま〟保存するのは、かえって不自然なことです。栽培する農作物では何年たっても費用を回収できないようなコストをかけるのは、明らかにおかしいですし、石が足りないときに遠くからお金をかけて運んでくるより、近くでいらなくなったコンクリート片や瓦を使う方が似合っているかもしれません。持続可能な範囲内での工夫は、大いに認められてよいと思っています。あくまでも農地を支える土台なのですから。

農地の石積みに正解はありません。あるとすれば、持続可能な方法であること、崩れにくいこと。基本を学んだら、地域の実情に合わせながら、自分なりの石積みを模索していくことが大切なのです。

地域で連綿と受け継がれてきた石積みは、
暮らしかたと密接なかかわりがあります。
日本とイタリアでみつけた、
“地域の石積みコレクション” の一部を、
解説とともに紹介します。

日本の風景

（撮影のクレジット表記がないものは著者）

徳島県吉野川市美郷

片岩系の石で、小口が比較的平たい。それを 45 度くらいの角度が付くように積み上げていく。天端は平らな石を並べている

徳島県上勝町

砂岩系の石で、全体の形として丸っこい長さのない石を積んである。隙間をなるべく埋めるように積むのがこの地域の積みかた。ところどころに動かせなかった大きな岩が残っている

徳島県那賀町相名の棚田

砂岩系の石で、全体の形は丸っこい。ところどころに岩盤が出ている。もともと岩がちな地質であることがわかる。石積みは、段を作るためだけでなく、農地から石を除くという役割ももっていた

佐賀県玄海町浜野浦の棚田

石を整えて隙間がなくなるようにして積んであるところと、ほとんど整形せずに積んであるところがある。積んだ人や時代による違いがあると思われる。ところどころに岩盤が露出している

山口県山口市三谷の棚田

全体的に小さめの石を積んであるが、天端には比較的大きい石を立てて積んである

島根県浜田市室谷の棚田

大小ばらばらの石を積んである。上の方は土のように見える。石積みと土坡のハイブリットかもしれない。のり尻（擁壁の下部）を石で固めるだけで、使える農地は格段に増える

高知県四万十市の集落

四万十川沿いの集落で、川から拾ってきたような丸みを帯びた石を積んである。左に見える車道が昔はなく、石積みの階段がメインの通路だったことなど昔の風景を想像しながら観察すると面白い

徳島県三好市山城

非常に小さな石で積まれている。通常は家の土台は職人が積んだ大き目の石でできている集落が多いが、ここでは家の土台の石積みも小さな石で作られている

愛媛県宇和島市の遊子の段畑

急傾斜のところにかなり密に石積みを作り、ジャガイモを栽培している。石は割石で裏にはあまりぐり石が入っていないようであるが、水はけがよく、これで保つのだろう

鹿児島県長島町汐見の段畑

おもにジャガイモやサツマイモを植えている段畑。細かい石を積み上げている。上の段には、もう少し大きな石で積んだ石積みが２種類とコンクリートブロック擁壁が見えるが、これは道路の下なので公共工事で積んだものであろう。崩れたところを見てみると、裏にぐり石があまり入っていないらしい。栽培品目から考えても、水はけがよいからだろうか

徳島県つるぎ町の段畑

傾斜が約40度の段畑。そばを栽培している。石積みがあっても耕作面はかなり傾斜したまま。通常では禁忌とされている「たて石」が多用されているのは、石垣の高さがあまりない、水はけがよい、石の調達が困難だった、という複合的な理由によるものだろう

長崎県島原市

城の石積みのように立派な石で隙間もなくなるよう丁寧に整形されている。また等高線に沿って曲線的に作られるのではなく、直線と角という農地の石積みには珍しい作りかたがされている。しかし、手前に見えるところのようにほとんど整形せずに積んであるところもあり、積みかたにばらつきが大きい。職人に依頼する人もいたのかもしれない

徳島県吉野川市美郷

積み直した際に、天端にいらなくなった瓦を置いたもの。裏に入れたぐり石にも、一部、廃瓦を砕いたものを入れてある

徳島県美波町赤松

石積みがたくさんある集落の一角。このように、次の修復にむけて石がストックしてある。石積みの多い地域ではよく見られる光景

イタリアの風景

ヴァルスターニャ
ヴィチェンツァ県

砂岩系の石で、隙間をなくすように積んである。日本の砂岩系の石とほぼ同じ雰囲気になっている。石の輻射熱を利用するため、一枚の畑のうち、石に近い山側、石から遠い谷側で栽培する作物を分けている

（撮影：野村英太郎）

ゲシュ
ヴェルバーノ・クジオ・オッソラ県

アルプスの氷河によって運ばれてきた石が豊富で、それを利用して擁壁や建物を作っている。もともと層状に割れる石であるが、その層の中の水分が凍って膨張し石が割れるため、すでにブロック状の石が採れていたとのことである。この地域ではこの平たい石を皿と呼んでいる。擁壁も皿で作られている

アトラーニ
サレルノ県

世界遺産であり観光地として有名なアマルフィ海岸には、たくさんの段畑がある。レモンやブドウなどの木本類が栽培されているため、石積み自体はあまり目立たない。写真の場所は、切り立った岩壁に張りつくようにして作られているレモンの段畑。もともと土がないため、独立する壁を作り、壁と岩の間に土を運び込んで畑を作ったという

コルテミリア

クーネオ県

コルテミリアにはたくさんの段畑があり、それらを中心としてエコミュージアムの取り組みも行われていた。写真は段畑の一部であるが、擁壁のところどころに数十cm奥まったアーチが作られている。強度を高めるため、排水をよくするため、石の節約をするためなど、いくつかの目的が考えられるが、エコミュージアムの取り組みを主導していた人たちにもわからないとのこと

ヴェルナッツァ

ラ・スペツィア県

リグーリア地方の観光地で国立公園でもあるチンクエテッレには、いくつかの町があるが、その一つがヴェルナッツァ。港を囲む集落の周りには段畑が広がっており、ワインのためのブドウや自家消費のための野菜が栽培されている。2011年に大規模な土砂災害が起こったが、その原因の一つが、段畑が放棄され斜面の保全機能を失ったためであると言われている

ヴェルナッツァ

ラ・スペツィア県

ここの石には自然に割れると細長くなるという特性があるため、四角い石の周りを細長い石で埋める方法をとる。日本では、イタリア料理屋の壁などの装飾でこれをモチーフにしたものが見られる。小石のように見えるが細長いため、安定性はある。大きな石はなるべく上下につながらないように配置していく。裏に入れるぐり石も細長いため、横向きや斜めにならないよう丁寧に並べる必要がある

［イタリアの石積み事情1］
2017年に10日間の研修へ

2017年に、イタリア北部のオッソラ県のゲシュという、ほぼ廃村になっているような集落で日本の学生11人と石積みを行いました。主催者はその地で石積みの建物を修復し、それを貸したり売ったりしているほか、石積み擁壁の修復、学生向けの研修などを開催しているNPOです。近くの集落にあるNPO職員の石積みの家に宿泊し、地産地消の食材で作ったおいしいご飯を食べながら10日間を過ごしました。

石積み擁壁の修復をしたのは4日間だけで、そのほかは、いろいろな見学に連れて行ってもらいました。石積みとは直接関係ないものもありましたが、農業の現場などを見ることでEUの共通農業政策が環境保全を目指していることを実感でき、その大きな流れの中に石積みがあるのだということがよく理解できました。

共通農業政策は、農業生産に関する政策と農村発展に関する政策という二つの柱から成り立っています。そのうちの農村発展政策の補助金を利用して作られた六次産業化施設である、トウモロコシの粉ひき工場も見学しました。単に六次産業を進めるだけでなく、原料となるトウモロコシは伝統種を用い12種類の伝統種を植え、その土地の条件に合う3種類を選んだといいます。それにより、農薬の量を減らすことができるというのが目的だそうです。補助金を利用するには、こうした環境配慮も計画に入れ込む必要があるのです。

ほぼ廃村になったような石造りの集落。細長い石だけで階段が作られていて、石に対する信頼感に感心する。修復された建物と、修復を待つ建物が混在している

（114～115ページの写真はすべて撮影：野村英太郎）

左側の斜面が修復を行ったところ。何年も前から崩れたままになっていたそうだ。その横に棒が立っているように見えるのは、石で作られた棒。ブドウ棚の支柱として使われていたそうだ

食事は、景色のよいテラスで。環境に負荷をかけない方法で栽培された野菜や豆が中心の食事

1階が家畜小屋で2階が牧草の乾燥部屋になっている建物。かつて放棄され、森林化していたが、移住してきた若者が開墾して建物も修復し、伝統的な方法で放牧する準備をしているそうだ。建物の壁も屋根も空石積みでできているため風が通り、干し草の保存に向いているとのこと

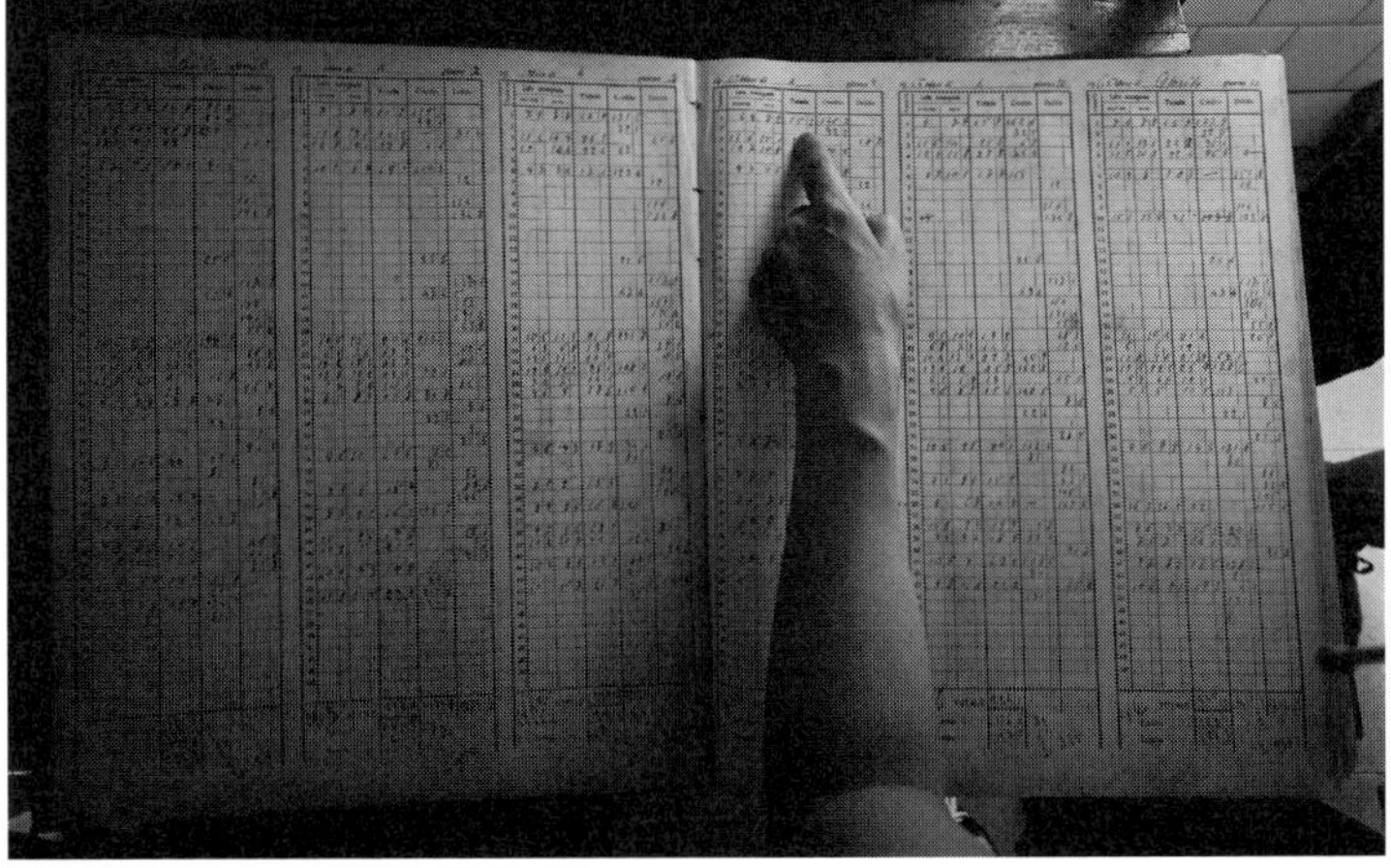

牛乳を持ち寄ってチーズを作ってもらう集落の協同施設で見せてもらったノート。誰がどれだけ牛乳を持ち込んだかが記録され、持ち込んだ量によって受け取れるチーズの量が決まるのである。古くは100年前の記録も同じノートに残っていた。施設は今でも現役とのこと

［イタリアの石積み事情2］

2018年のコンテスト参加

2018年には、イタリアで開催された「サッシ・エ・ノンソーロ」というイベントに参加しました。石積みの技を競う大会で、今回で2回目の開催。主催者が知り合いなので話を聞いてみると、実際のところ、採点は難しく順位はつけにくいとのこと。本当の目的はイタリア各地で石積みの活動をする人たちを集め、ネットワークを作ることだといいます。

EUの共通農業政策において2007年から農村発展計画が実施され、各州では伝統的な石積みの修復に補助金がつくようになりました。

こうした後押しもあって、イタリアでは各地で空石積みを行う団体が誕生してきています。こうした人たちをネットワーク化して石積み保全や技術継承を大きな流れとして進めるべく、イベントが開催されているのです。

イタリアのチームは5チーム。そこに、いち早くネットワーク化を行ったフランスから毎年参加する1チーム、その他の海外から1チームという構成で行っていて、1回目はスペインから、2回目の海外チーム枠に日本が選ばれたのです。

幅2m×高さ1・7mの擁壁を、3人で5時間で作り上げました。慣れない石でなかなかの重労働でしたが、他の6チームはすべて目地を水平にする布積みだったため、谷積みをベースにした乱積みをした日本のチームはかなり目立っていたと思います。ヨーロッパでも谷積みはありますが、今はやる人がほとんどいないとのこと。石積み擁壁は技術が途絶えたところも多いそうですが、石積みの建物はずっと継承されてきたため、建物に用いる布積みの技術が擁壁にも使われるようになったことがその要因ではないかと思います。

谷積みの正確さを評価できる人がいないこともあって優勝は逃したのですが、珍しい谷積みは、観客の興味を引いたようです。終わってから地元のおじさんが近寄ってきて「本当はこういう隙間のある石積みがいいんだよ。水も抜けるし、鳥も棲める」と言ってくれたのがうれしかったです。鳥の棲める石積み、石積みの価値をよく表していると思います。

積んだ後の記念撮影　（撮影：マルゲリータ・エミリオ）

積み終えた後、各チームがスピーチをする
（撮影：森山円香）

大きな石を立てた間が各チームの持ち場。現場は裏を掘りすぎていたので、独立壁を積むことになった

（撮影：森山円香）

おわりに

石積みを習い始めてからある程度技術が身についてきたころ、「覚えたことを全部、記録に残しておきたい」という気持ちになりました。2013年の年末になって冊子にする決心がつき、絵を描き始めました。石の角度や形にもこだわりたかったので、絵は得意ではないものの、自分で描くことにしました。同じ絵を何度も描き、比較的うまく描けたものをスキャンしてコンピューターに取り込み、解説をつけ、順番を考えて並べ直すという作業を続けました。そして、2014年の2月に初めての冊子が完成し、それが新聞に掲載されると問い合わせがたくさん来て、最初に刷った1000部は1カ月もしないうちになくなってしまいました。急遽、徳島大学の地域創生センターがお金を工面してくれて、すぐに2000冊増刷しました。

もともと覚えたことを記録として残したいというのが動機だったので、需要があることにとても驚きました。手紙をいただくこともあって、全国各地で石積みの技術が必要とされていることを知って、石積みを続けていく原動力にもなりました。

ところで、この本には構造物としての石積み擁壁を作るための技術だけでなく、体の動かしかたや効率のよい作業の方法など、細かいことも書きました。石積みはもともと農村の人々の生活の一部です。耕作をするために石積みを作り、維持管理するのです。したがって、効率よく積む、体力を節約しながら積むというような「省力化」は、農村の暮らしを支える技術に内包される重要な要素であると考えています。そこに、農村の技術や知恵が入っています。

「全部、記録に残しておきたい」と最初に思ったのも、そこに感動したからです。この本を読んで石積みに挑戦されるみなさんも「積めればよい」と考えるのではなく、ぜひ農村に伝わってきた生きた技術を体得していただけたらなと思います。

フリーペーパーのようなところから始まった冊子が、今回こうして本になったのは、信じられないような気分です。編集者の方々と作業することで、説明が足りていなかった部分も見つかり、よりわかりやすい内容になったと思います。農文協の阿部道彦さん、農文協プロダクションの阿久津若菜さんには本当にお世話になりました。また『季刊地域』の取材で、本書のきっかけを作ってくださった、農文協の廣瀬瑞恵さんにも感謝いたします。

　また、石積みを教えてくださった石工の高開文雄さん、石積みに人生を捧げることにした石積み学校スタッフの金子玲大さん、そのほか、いつも石積み学校を応援してくださっている徳島県をはじめとする全国のみなさまに感謝いたします。

石積みのことなら
なんでも聞いてください！

石積み学校スタッフ
金子玲大

石積み学校

石積み学校は、農地の石積み技術を継承しながら石積みの修復を行うことを目的として、石積み技術を持つ人、習いたい人、直してほしい石積みを持つ人をマッチングする組織として、2013年に徳島で立ち上げました。現在では、石巻や千葉、東京、山梨、福岡など開催の地域も広がり、マッチングだけでなく講師として参加するなど、多様な形態で行っています。

　また、伝統的な技術を伝統として伝えるだけでなく、持続可能な工法という価値を広めるため、要望に応じて講演会なども行います。2016年からはスタッフとして金子玲大が加わり、現在はスタッフ2名で活動しています。

　石積み学校に参加したい、自分のところの石積みが壊れているので石積み学校を呼びたい、石積みのことを知りたい、など、農地の石積みのことについてのご相談も受け付けています。

https://ishizumischool.localinfo.jp/

2014年に土木学会市民普請大賞優秀賞、グッドデザイン賞ベスト100および特別賞、2017年にグリーン・レジリエンス大賞最優秀賞を受賞

◎著者紹介

真田　純子（さなだ　じゅんこ）

広島県生まれ。東京工業大学環境・社会理工学院准教授。

学生時代に景観工学の研究室で緑のもつ意味について興味を抱き、博士論文では1930年代の緑地計画史の研究を行った。その研究が楽しかったため将来は資料に埋もれる研究者になるのが夢だったが、徳島大学に赴任後、石積みに目覚めて泥まみれで石積み施工をする研究者になった。したがって専門が景観工学、土木史、都市計画史、石積み、農村計画など多岐にわたる専門不明の研究者ではあるが、いろいろなものを歴史的視点で調査し理解するのが武器。

著書に『都市の緑はどうあるべきか―東京緑地計画の考察から』（技報堂出版、2007年）、『ようこそドボク学科へ！―都市・環境・デザイン・まちづくりと土木の学び方』（共編著、学芸出版社、2015年）がある。

写　　真：高木あつ子、大村嘉正、大村拓也
イラスト：山中正大（目次、16ページ、1～5章の扉）

図解　誰でもできる石積み入門

2018年12月15日　第1刷発行
2024年 5 月20日　第12刷発行

著者　真田　純子

発行所　一般社団法人 農山漁村文化協会
〒335-0022　埼玉県戸田市上戸田2-2-2
TEL 048-233-9351（営業）　TEL 048-233-9376（編集）
FAX 048-299-2812　振替 00120-3-144478
URL　https://www.ruralnet.or.jp/

ISBN 978-4-540-17182-6〈検印廃止〉

編 集 制 作：(株) 農文協プロダクション
印刷・製本：TOPPAN (株)

定価はカバーに表示。乱丁・落丁本はお取り替えいたします。